멘델레예프가 들려주는 주기율표 이야기

# 멘델레예프가 들려주는 주기율표 이야기



초 판 1쇄 발행일 | 2005년 9월 30일
개정판 1쇄 발행일 | 2010년 9월 1일
개정판 18쇄 발행일 | 2021년 5월 31일

지은이 | 이미하
펴낸이 | 정은영
펴낸곳 | (주)자음과모음

출판등록 | 2001년 11월 28일 제2001-000259호
주 소 | 04047 서울시 마포구 양화로6길 49
전 화 | 편집부 (02)324-2347, 경영지원부 (02)325-6047
팩 스 | 편집부 (02)324-2348, 경영지원부 (02)2648-1311
e-mail | jamoteen@jamobook.com

ISBN 978-89-544-2055-6 (44400)

멘델레예프가 들려주는

# 주기율표 이야기

| 이미하 지음 |

(주)자음과모음

# 멘델레예프를 꿈꾸는 청소년을 위한 '화학의 보물 지도, 주기율표' 이야기

예로부터 사람들은 보물을 찾고 싶어 했어요. 여러분이 읽는《보물섬》같은 동화책들도 이러한 주제를 담고 있지요. 그런데 보물을 찾으러 떠날 때는 보물 지도가 그들의 안내자이고 희망이었지요. 그러나 보물은 미지의 세계나 피라미드에 숨어 있는 것이 아니라 바로 우리 마음속에 있는 것이었어요.

화학자들은 정신의 힘으로 보물을 찾으려고 하였지요. 물질의 이치를 파헤쳐 싸구려 금속을 금으로 만드는 방법을 연구하기 시작했어요. 많은 사람들이 오랜 시간 동안 매달렸지만 누구도 성공한 사람은 없었답니다. 그러나 그들은 자신이 일생을 통해 알아낸 것들을 지도를 그리듯 책으로, 강연으로 후세에 남겼답니다. 그러면 그 다음 세대는 그 지도를 들고 선배가 멈춘 곳에서 선배처럼 길을 떠났지요.

그러던 어느 날 마침내 보물 지도가 완성이 되었어요. 그것은 바로 연금술사들이 꿈꾸던 물질의 비밀을 푸는 '원소의 주기율표'였지요. 그 마지막 보물 지도를 완성하는 데 꼭 필요한 퍼즐을 푼 사람이 바로 멘델레예프였어요.

이제 화학자들은 더 이상 금을 만들려고 하지는 않아요. 그들은 자신들이 찾던 것이 금이 아니라 자연의 원리였다는 것을 깨달았으니까요. 그래서 이제는 주기율표를 이용하여 금보다 더 소중하고 더 편리하게 이용할 수 있는 물질을 만들려고 노력하지요.

여러분도 열심히 공부해서 훌륭한 화학자가 되어 인류에게 도움이 되는 물질을 개발해 보세요. 그것이 여러분이 찾는, 그리고 찾아야 할 또 다른 보물일 테니까요.

이 미 하

## 차례

첫 번째 수업 1

# 원소 기호란 무엇인가?

주기율표를 구성하는 원소 기호는 화학자들의 공통 언어예요.
원소 기호는 모두 알파벳으로 되어 있는데 왜 그런지 알아봅시다.

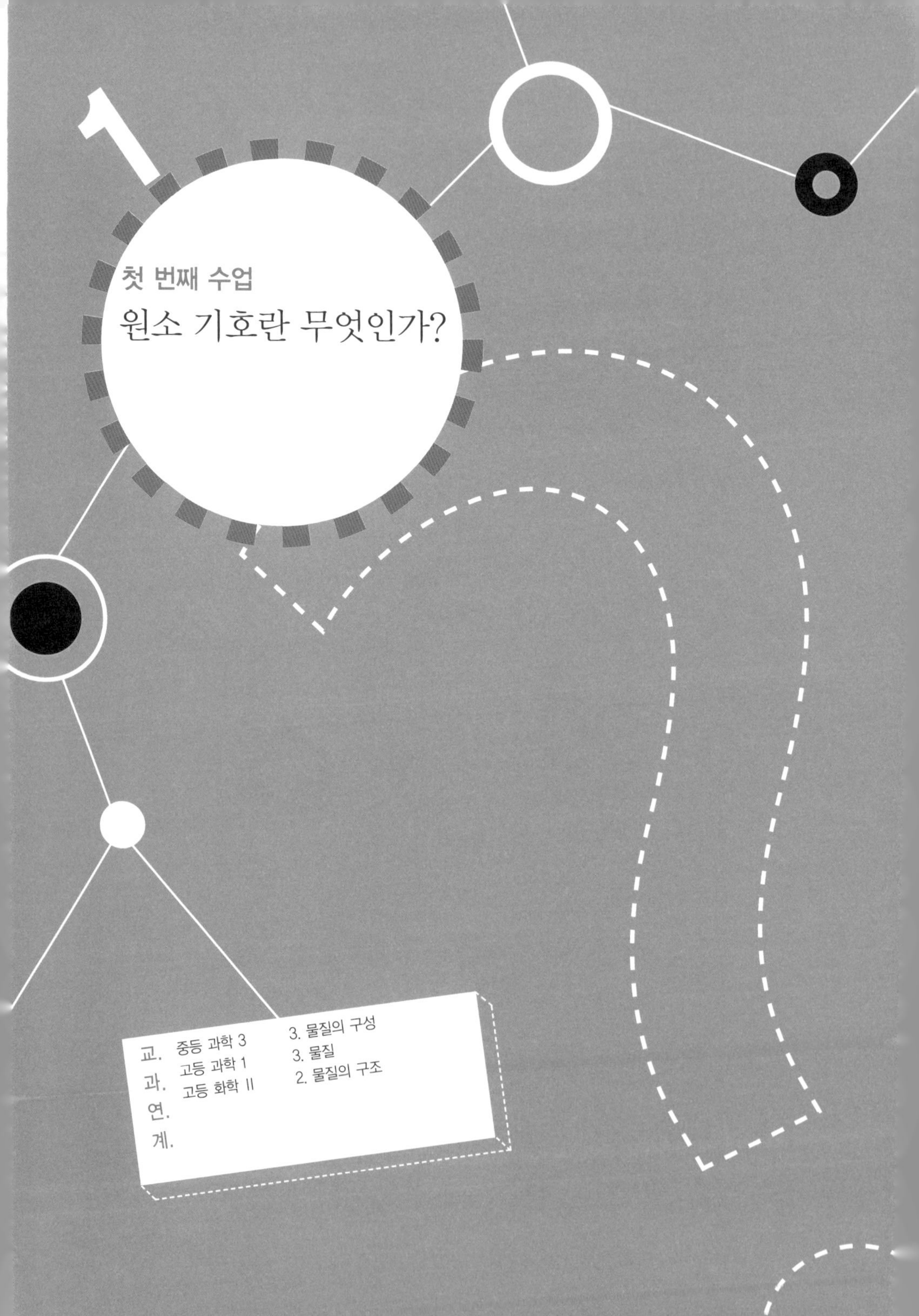

# 1

## 첫 번째 수업
# 원소 기호란 무엇인가?

교과연계.

| | |
|---|---|
| 중등 과학 3 | 3. 물질의 구성 |
| 고등 과학 1 | 3. 물질 |
| 고등 화학 II | 2. 물질의 구조 |

# 수염이 덥수룩한 멘델레예프가 인자한 웃음을 지으며 첫 번째 수업을 시작했다.

안녕하세요? 나는 오늘부터 며칠에 걸쳐 여러분에게 주기율표에 관한 이야기를 들려줄 러시아의 과학자 멘델레예프입니다.

사람들은 나더러 오늘날 사용하는 주기율표에 가장 가까운 주기율표를 만든 과학자라고 한답니다.

## 주기율표는 화학자의 보물 지도

아직 화학을 본격적으로 공부해 본 적이 없는 학생들도 과학관이나 연구소의 실험실이 나오는 영화 같은 데서 벽에 걸려 있는 주기율표를 본 적이 있을 거예요. 그런 곳이 아니더라도 주기율표는 대부분의 화학책 속에 반드시 등장한답니다. 왜 이렇게 화학과 주기율표는 긴밀한 관계를 맺고 있을까요?

주기율표는 물질에 대한 많은 정보를 담고 있는 화학의 지도라고 할 수 있습니다. 물질이라는 미지의 세계를 탐험하는 데 도움을 주는 안내자이지요.

## 원소 기호로 이루어진 주기율표

주기율표에 대한 얘기를 하기에 앞서 주기율표에 등장하는 원소 기호에 대해 알아보도록 해요.

주기율표를 지도라고 했지요? 지도를 보면 여러 가지 기호가 등장합니다. 어떤 것은 산을 나타내기도 하고 어떤 것은 강을 나타내기도 합니다. 그리고 여러분이 다니는 학교, 교회, 사찰, 그리고 우체국 등도 기호를 이용해서 표시합니다. 마찬가지로 주기율표도 기호와 숫자를 이용해서 나타내지요. 그중에서 가장 기본이 되는 것이 원소 기호랍니다.

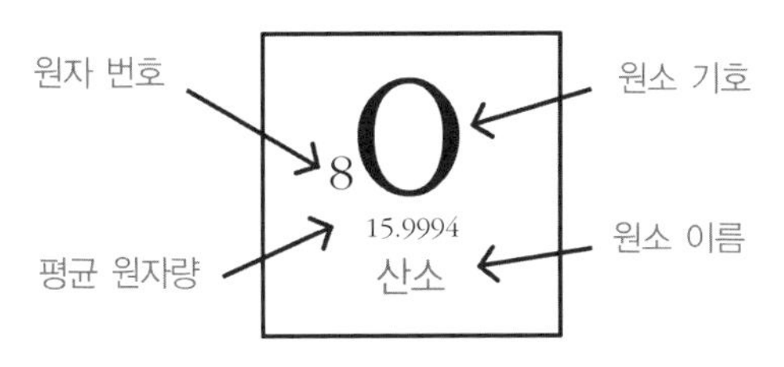


주기율표에 나타내는 원소에 대한 정보들

원소 기호는 전 세계 사람들이 한눈에 알 수 있도록 원소를 나타내는 기호로, 화학자들의 공통 언어라고 할 수 있습니다.

한국 사람은 한국어와 한글을 쓰고, 일본 사람은 일본어와 히라가나라는 문자를 사용하지요. 또 중국 사람은 중국어로 말을 하고 한자로 쓰며, 미국 사람들은 영어로 말을 하고 알파벳으로 글을 씁니다. 이처럼 전 세계 사람들이 사용하는 언어와 문자가 다르기 때문에 의사 소통을 하려면 많이 곤란합니다.

그렇지만 물질을 연구하는 학문인 화학은 세상 사람 모두가 함께하는 학문입니다. 그래서 적어도 화학에 대한 이야기를 할 때는 언어와 문자가 달라도 서로 의사 소통을 할 수 있도록 화학의 언어를 약속해 정했답니다. 바로 원소 기호와

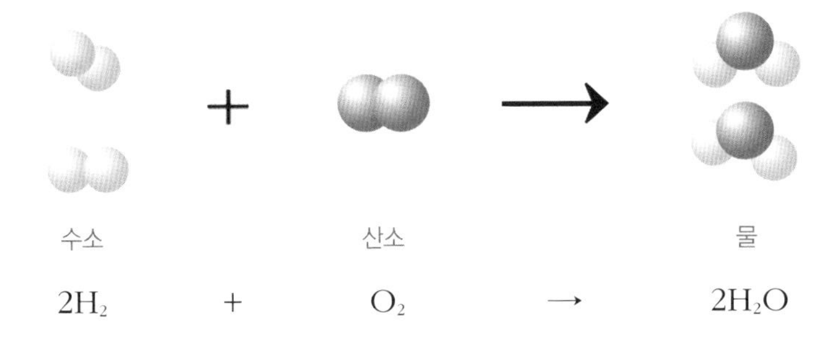


원소 기호로 나타낸 화학 반응식

원소 기호로 나타낸 화학 반응식이지요. 원소 기호로 물질을 나타내고, 화학 반응식으로 물질의 변화를 표현합니다.

## 원소 기호의 유래

원소 기호는 모두 알파벳으로 이루어져 있어요. 그렇다고 원소 기호를 처음부터 알파벳으로 나타낸 것은 아니었어요. 고대의 화학자들이었던 연금술사들은 다음 그림과 같은 원소 기호를 사용했지요.

이렇게 그림으로 된 원소 기호들은 원소의 종류가 몇 가지 안 될 때 사용되었지요. 설명 없이는 이해하기도 어려워 좀 더 단순화할 필요가 있었어요.

연금술사들의 원소 기호

재미있는 것은 요즘은 화합물로 알고 있는 소금이 원소에 포함되어 있다는 것입니다. 그리고 지금은 없는 '알칼리'라는 원소가 포함되어 있지요. 연금술사들이 활약하던 당시에는 반응성이 작은 몇 가지 금속과 분해가 어려운 몇 가지 순수한 화합물이 그들이 아는 원소의 전부였답니다.

그 후 근대적인 원자설을 주장한 돌턴(John Dalton, 1766~1844)은 조금 더 단순하고 체계적인 원소 기호를 사용했습니

**과학자의 비밀노트**

**연금술(alchemy)**

기원전부터 시작하여 중세 유럽까지 퍼진 주술적 성격을 띤 일종의 자연학을 말하는데, 비금속을 인공적 수단으로 금 등의 귀금속으로 전환하는 것을 목표로 삼았다. 연금술 이론은 라부아지에의 실험적 원소 개념이 확립되기까지는 오랫동안 영향을 미쳤다.

다. 이 기호들은 그의 저서《화학의 신체계》에 등장한 것입니다. 그는 이 기호들을 이용하여 원자로 이루어진 원소와 원자들의 조합을 설명했어요.

오늘날 사용하는 것과 같은 알파벳으로 된 원소 기호를 고안하고 사용할 것을 주장한 과학자는 스웨덴의 베르셀리우스(Jöns Berzelius, 1779~1848)였습니다. 1812년경, 베르셀리우스는 원소들의 라틴명(名)과 그리스명의 머리글자를 이용하여 원소 기호를 만들었습니다. 그 이후에 발견된 원소들은 영어명을 딴 것이 많아요.

ELEMENTS

| 원소 | 원자량 | 원소 | 원자량 |
|---|---|---|---|
| 수소 | 1 | 스트론튬 | 46 |
| 질소 | 5 | 바륨 | 68 |
| 탄소 | 5.4 | 철 | 50 |
| 산소 | 7 | 아연 | 56 |
| 인 | 9 | 구리 | 56 |
| 황 | 13 | 납 | 90 |
| 마그네슘 | 20 | 은 | 190 |
| 칼슘 | 24 | 금 | 190 |
| 나트륨 | 28 | 백금 | 190 |
| 칼륨 | 42 | 수은 | 167 |

돌턴이 사용한 원소 기호와 원자량

원소 기호가 모두 알파벳으로 이루어진 것은 화학이라는 학문을 일찍부터 연구한 나라들이 주로 유럽에 있었기 때문입니다. 그들은 프랑스 어, 독일어, 영어, 에스파냐 어 등 말은 모두 다르지만 문자는 거의 비슷한 알파벳을 사용하고 있어요. 그래서 전 세계 화학자들이 모여 원소 기호를 정할 때, 동양의 과학자들보다 더 강력하게 알파벳을 원소 기호로 사용할 것을 주장했고 관철시켰지요.

그러면 원소 기호의 순서는 영어의 알파벳 순서 A, B, C, D……로 정해져 있나요? 아니지요! 제일 먼저 등장하는 원소 기호는 H(수소)입니다.

베르셀리우스의 원소 기호는 무작정 알파벳을 순서대로 사용하는 것이 아니라 원소 이름의 맨 앞 글자만을 대문자로 이용하거나, 맨 앞 글자가 같은 것이 이미 존재하면 중간에서 적당한 알파벳을 하나 더 골라 소문자로 붙여서 나타내지요. 요즘 새로 만들어지는 원소들은 알파벳 세 개를 이용해서 나타내기도 합니다.

원소들의 이름은 주로 라틴 어, 그리스 어, 영어, 독일어 등의 어원에서 유래되었어요. 그래서 영어 이름만으로는 짐작이 가지 않는 것이 있지요. 어원과 원소의 발견에 얽힌 사연 몇 가지를 소개해 볼게요.

### 라틴 어 이름을 딴 기호들

원소 중에서 18세기 이전에 발견되어 오랫동안 사용된 원소들은 주로 라틴 어 이름을 가지고 있어요.

라틴 어는 고대 로마 제국에서 사용하던 말로 지금은 사용하지 않아요. 하지만 이탈리아 어, 프랑스 어, 에스파냐 어 등의 근원이 되었지요. 그리고 로마 제국이 그리스 문명을 받아들이면서 그리스 어의 영향을 많이 받아 라틴 어에는 그리스 어 어원을 갖고 있는 것도 많아요. 또한 라틴 어가 19세기 초반까지도 '학자들의 언어'로 사용되어 많은 책들이 라틴 어로 쓰였답니다.

라틴 어에서 유래된 독특한 원소 기호는 다음과 같아요. Au(금, gold)는 라틴 어 'aurum'으로부터, Fe(철, iron)는 라틴 어 'ferrum'에서, Ag(은, silver)는 은을 뜻하는 라틴 어 'argentum'에서, Cu(구리, copper)는 옛날 구리의 주산지였던 키프로스 섬의 라틴어 이름 'cuprum'에서, Ca(칼슘, calcium)는 석회를 뜻하는 라틴 어 'calx'를 따서 명명되었어요.

| 원소 이름 | 원소 기호 | 독일 어 | 프랑스 어 | 영어 | 에스파냐 어 |
|---|---|---|---|---|---|
| 나트륨 | Na | natrium | sodium | sodium | sodio |
| 칼륨 | K | kalium | potassium | potassium | potasio |
| 철 | Fe | eisen | fer | iron | hierro |
| 구리 | Cu | kuper | cuivre | copper | cobre |
| 은 | Ag | silber | argent | silver | plata |
| 주석 | Sn | zinn | etain | tin | estano |
| 금 | Au | gold | or | gold | oro |
| 수은 | Hg | quecksilber | mercure | mercury | mercurio |
| 납 | Pb | blei | plomb | lead | plomo |
| 텅스텐 | W | wolfram | tungstene | tungsten | wolframio |

영어 이름과 다른 알파벳을 갖는 원소 기호들

### 그리스 어에서 유래한 기호들

또한 그리스·로마 신화에서 유래된 경우도 있습니다.

태양신 'Helios'에서 따온 '헬륨(He)'은 1868년에 인도의 개기 일식에서 태양 홍염의 스펙트럼 분석에서 발견된 것입니다. '지구상에서는 미지이지만 태양 속에 존재하는 원소'라는 뜻입니다. 그리고 1801년 발견된 소행성에서 따온 '세륨(Ce)'이 있습니다.

그리스 어는 라틴 어에도 많은 영향을 주었고 로마 문명에도 많은 영향을 끼쳐 남은 어원이 많아요. 예를 들어, '리튬

(Li)'은 페타라이트라는 광물에서 발견되어 돌을 의미하는 그리스 어 'lithos'를 따서 'lithium'이라 명명되었지요. '인(P)'은 어두운 곳에서 빛을 발하는 성질이 있어 'phosphorus'라고 불렸습니다. 그리스 어로 'phos'는 빛, 'phorus'는 운반자라는 뜻입니다.

### 원소의 색에서 유래된 기호들

루비듐(Rb)처럼 색에서 유래된 것도 있습니다. 루비듐은 적색 스펙트럼 선으로 검출되었기 때문에, '붉다'는 뜻의 라틴 어 'rubidus'를 따서 명명되었습니다. 요오드(I)는 그 증기가 보라색인 데서 '보라색 같은'의 뜻인 그리스 어 'iodes'를 따서 'iodine'이라고 하고, 염소(Cl)는 황록색을 뜻하는 그리스 어 'chloros'를 따서 'chlorine'이라고 명명되었습니다.

### 합성어에서 유래한 기호들

18세기 이후에 발견된 원소들 중에는 합성된 이름도 있습니다. 예를 들어, H(수소)는 그리스 어로 물을 뜻하는 'hydro'와 생성한다는 뜻의 'gennao'를 합쳐 영어의 'hydrogen'이라고 하였습니다. N(질소)은 광물성을 뜻하는 라틴 어 'nitrum'과 생성한다는 뜻인 그리스 어 'gennao'가 합쳐져 영어의 'nitrogen'

이 되었습니다. Al(알루미늄)은 백반에서 얻을 수 있는 금속이라 하여 백반의 라틴 어인 'almen'을 따서 'aluminum'이라 명명하였어요.

### 지명을 딴 원소 이름과 기호들

지역이나 지명에서 따온 경우로는 대륙 이름에서 따온 아메리슘(Am)과 유로퓸(Eu), 나라 이름에서 따온 게르마늄(Ge, 독일), 프랑슘(Fr, 프랑스)이 있어요. 또한 마그네슘(Mg)은 고대 왕국인 리디아의 수도 마그네시아에서, 플루토늄(Pu)은 명왕성(Pluto)에서 유래되었습니다. 버클리 대학(Bk, 버클륨)과 캘리포니아 주(Cf, 칼리포르늄)도 자신의 이름을 딴 원소를 가지고 있습니다.

과학자의 비밀노트

**명왕성(Pluto)**

태양계의 9번째 행성으로서 '명왕성'으로 불리어 왔으나, 2006년 8월 국제천문연맹의 총회 결과 행성에서 제외되어 왜소행성으로 분류되었다. 따라서 현재는 소행성 목록에 포함되어 134340이란 번호를 부여받았다. 왜소행성으로서는 에리스(Eris) 다음으로 두 번째로 큰 천체이다.

### 과학자의 이름에서 유래한 '늄(륨)'으로 끝나는 기호들

20세기에 들어와 입자 가속기를 통해서 만들어진 수명이 짧은 인공 변환 원소들은 우리가 알고 있는 화학자나 물리학자의 이름에서 유래되었어요. 이들은 모두 끝이 '-ium'으로 되어 있으며 '윰'이라고 읽습니다.

유명한 과학자들 중 페르미(Fm, 페르뮴), 퀴리(Cm, 퀴륨), 아인슈타인(Es, 아인시타이늄), 노벨(No, 노벨륨), 로렌스(Lr, 로렌슘) 등은 자신의 이름을 딴 원소를 가지고 있지요. 나도 내 이름을 딴 원자 번호 101번 멘델레븀(Md)을 가지고 있습니다.

앞으로 여러분이 화학자나 핵물리학자가 되어 새로운 원소를 합성하고 그것을 여러분의 이름이나 여러분 나라의 이름을 따서 짓는 꿈을 꾸어 보세요. 얼마나 자랑스러운 일이에요.

오늘 수업의 주제인 원소 기호에 대한 이야기는 여기까지 하고, 다음 수업 시간에는 원소가 무엇인지에 대해 본격적으로 공부하겠습니다.

## 만화로 본문 읽기

와, 나도 저렇게 영어로 유창하게 말할 수 있으면 좋겠다.
그런데 서로 다른 언어를 사용하는 전 세계 학자들이 화학에 대한 이야기를 할 수 있을까?

서로 의사소통을 할 수 있도록 화학의 언어를 약속했어요. 그것이 바로 주기율표에 쓰인 원소 기호들과 화학 반응식이지요.
원소 기호와 화학 반응식이요?
H 수소
W 텅스텐
Rb 루비듐
K 칼륨
Au 금
N 질소
Br 브롬
$H_2 + Cl_2 \longrightarrow 2HCl$
$C_2 + O_2 \longrightarrow CO_2$
물질의 기본 단위인 원소를 알파벳을 사용하여 기호로 나타낸 것이 원소 기호예요. 즉, 원소 기호로 물질을 나타내고 화학 반응식으로 물질의 변화를 표현하지요.
그러면 언어가 달라도 화학에 대한 이야기를 할 수 있겠군요.
수소 산소 물
WATER
$H_2O$
$2H_2 + O_2 \rightarrow 2H_2O$
물.
水

그런데 원소 기호는 처음부터 알파벳으로 표시했나요?
알칼리 구리 금 철 납
수은 은 소금 황 플로지스톤
아니에요. 원소의 종류가 적었던 고대에는 연금술사들이 그림으로 그려서 원소 기호로 삼았어요.

하지만 그림으로 된 원소 기호는 이해하기 어려웠지요. 근대에 들어와서야 돌턴이 조금 더 단순화시킨 원소 기호를 사용했어요.
그렇군요.
수소 질소 탄소 산소 황 인
마그네슘 칼슘 나트륨 칼륨 철 아연
구리 납 은 금 백금 수은
오늘날 사용하는 원소 기호는 베르셀리우스가 고안한 건데, 원소들의 라틴명과 그리스명의 머리글자를 이용해서 원소 기호를 만들었고, 그 이후에 발견된 원소들은 영어에서 딴 것이 많아요.
영어보다 원소 기호를 유창하게 쓸 수 있도록 노력하겠어요!
라틴명과 그리스명의 머리글자로 원소기호를 만듭시다.

두 번째 수업 2

# 원자와 분자 그리고 원소와 화합물

이 세상에는 많은 종류의 물질이 존재합니다.
물질을 이루는 원소, 분자, 그리고 화합물에 대해서 알아봅시다.

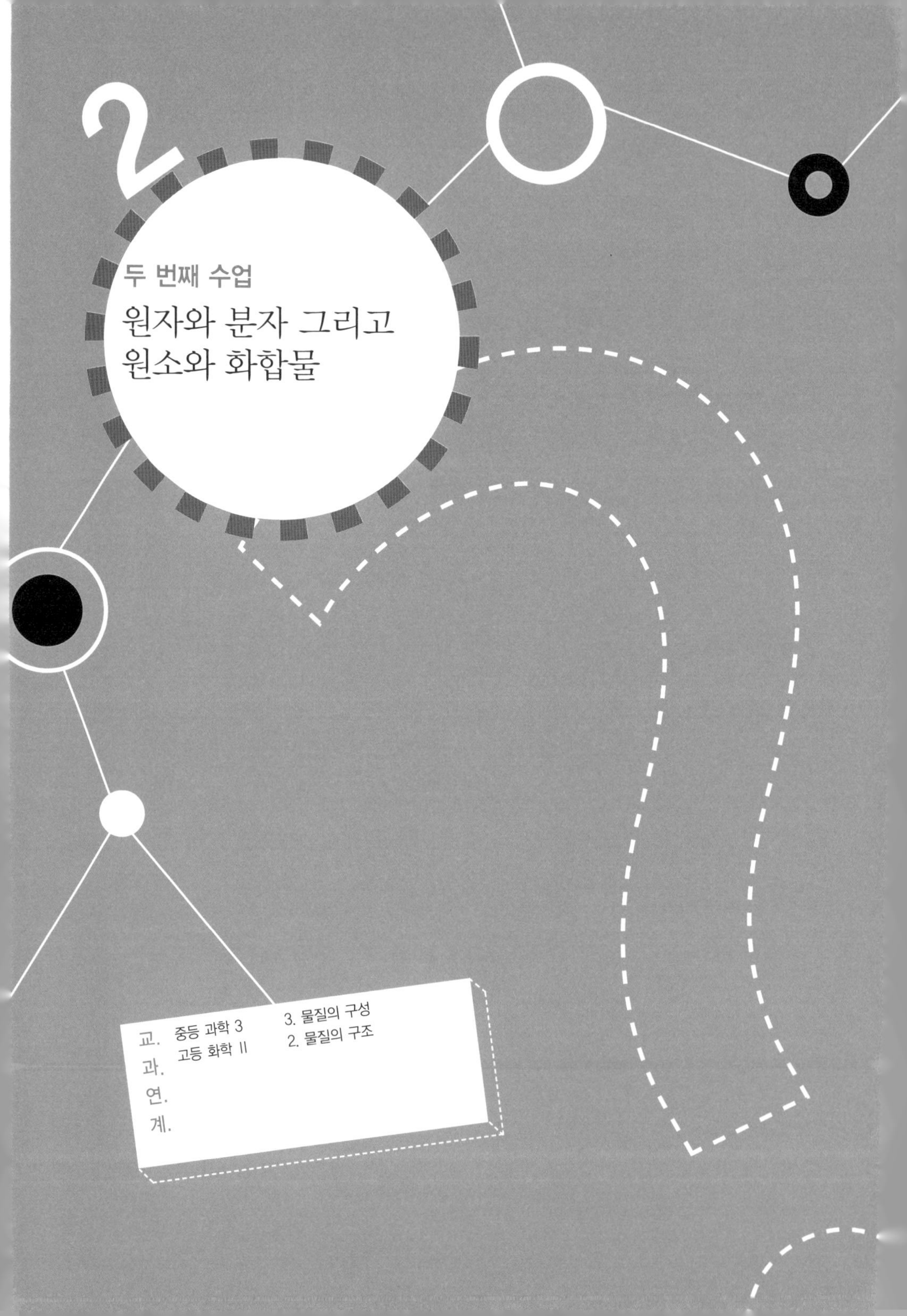

2

두 번째 수업

# 원자와 분자 그리고 원소와 화합물

교. 과. 연. 계.

중등 과학 3 — 3. 물질의 구성
고등 화학 II — 2. 물질의 구조

## 멘델레예프가
## 물질의 기본 성분에 대한 이야기로
## 두 번째 수업을 시작했다.

이 세상에는 참 많은 종류의 물질이 존재해요. 옛날부터 과학자들은 물질의 기본 성분이 무엇일까를 연구했어요.

고대 그리스의 철학자 탈레스 (Thales, B.C.624?~B.C.546?)는 생명을 유지하는 데 없어서는 안 되는 '물'을 만물의 근원이라고 생각했어요. 물은 여러 가지를 녹여서 다양한 물질이 되지만 물 자체는 언제나 변함없어 보이기 때문이죠.

그럼 정말 물이 물질을 이루는 기본 성분일까요?

## 성질로 구별하는 원소와 화합물

원소는 더 이상 분해되지 않는 기본 물질

지난 시간에 원소 기호에 대해 이야기했는데, 그것은 주기율표를 이루는 요소들이 원소 기호와 숫자로 이루어졌기 때문이었지요. 그러면 원소는 무엇일까요?

원소는 더 이상 분해되지 않는 순수한 기본 물질입니다. 어떠한 화학적 방법으로도 더 이상 다른 물질로 분해되지 않아요.

하지만 물은 전기 분해하면 수소 기체와 산소 기체로 나뉘지요. 그러면 물은 원소일까요?

그렇지 않습니다. 물은 분해가 되어 2가지 이상의 다른 물질이 되므로 원소가 아닙니다. 그러나 물을 이루고 있다가

전기 분해로 생성된 수소 기체와 산소 기체는 원소이지요. 2가지 이상의 원소가 화합하여 생성된 물 같은 물질을 화합물이라고 합니다.

### 원소들이 화학 변화를 하면 본래의 성질은 사라져요!

산소 기체는 다른 물질이 잘 타게 도와주는 성질이 있습니다. 모닥불을 피울 때 부채질을 하면 신선한 공기가 공급되어 숯이 빨갛게 잘 타오르는 것을 본 적이 있을 거예요.

하지만 수소 기체는 남이 타도록 도와주는 것이 아니라 스스로 타는 성질이 있습니다. 잘 말린 계란 껍질에 수소 기체를 모아 한쪽 구멍에 불을 붙이면 연한 불꽃을 내며 타다가 어느 순간 갑자기 '퍽'하고 터지는 것을 볼 수 있습니다. 이것을 달걀 폭탄이라고 하지요.

그런데 왜 이러한 수소와 산소로 이루어진 물은 맑고 투명한 액체일까요? 수소 기체와 산소 기체가 반응하여 물이 되면 각 원소가 가졌던 성질은 사라져 버립니다. 이렇게 처음과는 전혀 다른 성질의 물질이 생성되는 변화를 화학 변화라고 합니다.

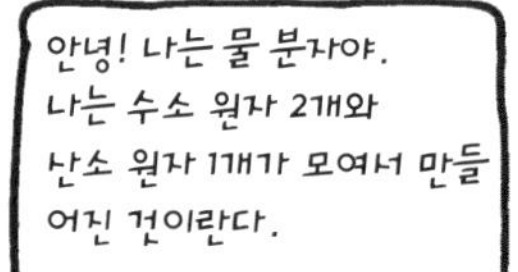

물은 생명체에 꼭 필요한
아주 중요한 거야. 그럼
내가 어떻게 만들어
지는지 설명할게.

먼저, 수소 분자가 필요
한데 이것은 수소 원자
2개로 이루어진 기체
이지. 수소 기체는 탈
수 있어.

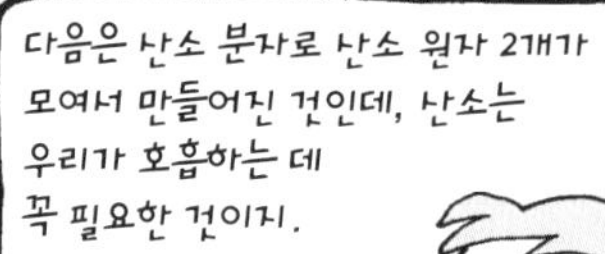

자, 그럼 수소와
산소가 어떻게
해서 물 분자가
되는지 설명해
줄게.

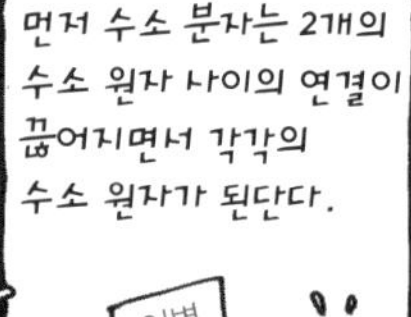

또한 산소 분자도 연결을
끊고 2개의 산소 원자가
되는 거야.

그러면 각각의 수소 원자 2개와
산소 원자 1개가 다시 결합하여
물 분자가 되는 거란다. 이렇게
만들어진 물은 완전히 다른
물질이 되는 거지.

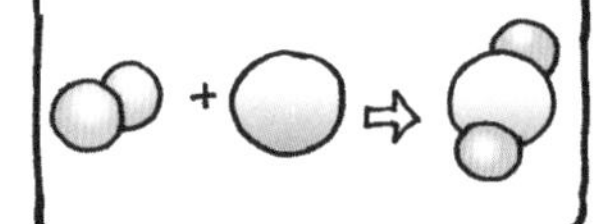

자, 이제 내가 어떻게
만들어지는지 알겠지?
이처럼 원래의 물질이 전혀
다른 물질로 되는 것을 화학
변화라고 하는 거야.

## 원자와 분자

여러분은 어렸을 때 블록 놀이를 해 본 적이 있을 거예요. 블록에도 여러 종류가 있지요. 우선 블록을 만든 재료에 따라 나무로 만든 것과 플라스틱으로 만든 것이 있습니다. 그리고 플라스틱 블록에도 어떤 것은 검은색으로 구멍이 6개짜리가 있고, 어떤 것은 흰색으로 구멍이 4개짜리가 있어요.

로봇이나 성을 조립하려고 블록 한 상자를 사 보면 작은 비닐봉지들 속에 여러 종류의 블록이 따로따로 담겨 있는 것을 볼 수 있을 거예요. 여기서 구멍이 6개인 검은 블록 1개를 원자 1개에 비유할 수 있습니다.

같은 블록으로 구성된 한 봉지를 뜯어서 이리 끼우고 저리 끼우면서 여러 가지 모양을 만듭니다. 이렇게 원자라는 블록들이 서로 끼워져 만든 조합체는 분자라고 할 수 있습니다. 산소 기체는 산소 원자 2개를 끼워 만든 산소 분자를 뜻하지요.

그리고 같은 블록이라도 끼우는 방법과 블록의 수에 따라 여러 종류의 모양을 만들 수 있습니다. 산소 원자(O)를 2개 끼우면 우리가 숨 쉬는 산소 기체($O_2$)가 되지만, 3개를 끼우면 오존($O_3$)이라는 기체가 됩니다.

이처럼 분자를 이루는 원자의 수와 종류를 변화시킬 수 있

기 때문에 원자의 종류는 몇 가지 안 되어도 그것으로 만들 수 있는 분자는 여러 가지입니다. 서로 다른 물질은 서로 다른 분자로 이루어져 있기 때문에 물질의 종류만큼 분자의 종류가 있답니다.

그러면 이 세상에 있는 분자의 종류는 몇 가지일까요? 화학자들에게는 새로운 물질이 발견될 때마다 그것을 등록하는 책이 있는데, 거기에 등록된 물질이 대략 3,000만 가지 정도가 된대요. 어때요? 적다고 실망했나요, 아니면 많다고 감탄했나요?

이러한 다양한 물질(분자)을 이루는 원자의 종류는 몇 가지일까요? 원자의 수는 분자의 수에 훨씬 못 미치는데 약 100여 가지예요. 그러니까 분자를 이루는 원자의 종류가 약 100여 가지라는 거예요.

## 원자로 구별하는 원소와 화합물

### 원소는 한 종류의 원자로 이루어진 분자들의 집합체

원자라는 블록을 끼워서 즉, 화학 결합으로 분자를 만들 때, 한 종류의 블록만으로 만든 산소 기체 같은 분자를 홑원소 물질이라고 합니다. 줄여서 그냥 원소라고도 하지요. 그러니까 원소는 한 종류의 원자로 만들어진 분자들의 집합체이지요.

수소 기체는 수소 분자($H_2$)로 이루어져 있고, 수소 분자는 수소 원자(H) 2개로 이루어져 있어요. 그래서 수소 기체는 더 이상 다른 종류의 물질로 쪼개지지 않는 단일한 원소입니다.

### 화합물은 두 종류 이상의 원자로 이루어진 분자들의 집합체

그런데 같은 블록만 끼워서 모양을 만들면 재미가 없겠지요? 그래서 서로 다른 색깔과 모양을 갖는 블록을 이것저것 끼워서 새로운 모양을 만들듯이 서로 다른 종류의 원자를 결합하여 분자를 만들기도 해요. 이렇게 만든 분자는 화합물이라고 하지요.

또한 이것은 언제든지 흩뜨려서 나눌 수 있는데, 화학자들은 이러한 과정을 분해라고 합니다. 물($H_2O$)이라는 화합물은 수소 원자(H) 2개와 산소 원자(O) 1개를 결합하여 만든 거예요. 그러므로 이것을 다시 수소 원자와 산소 원자로 분해할 수 있는 거지요.

## 돌턴의 원자설

물질을 연구하는 것은 분자를 연구하는 것이고, 분자를 연구하는 것은 원자를 연구하는 것입니다. 그런데 이러한 여러 종류의 원자를 원소라는 이름으로 구별하므로 화학자의 지도인 주기율표에는 원소 기호가 반드시 등장해야겠지요.

그러면 원자의 종류 즉, 원소는 어떻게 구별할까요? 블록처럼 색깔이 다를까요, 아니면 모양이 다를까요?

원소는 물질을 이루는 근본 물질입니다. 원소는 과학이 발달함에 따라 발견되는 수가 점점 늘어났지요. 원자는 그런 원소와 화합물의 관계를 설명하기 위해 출현한 개념입니다.

원자는 원소를 이루는 입자로, 이것에 대한 탐구는 고대 그리스 시대부터 있었답니다. 그리고 근대에 들어서 원자란 어떤 성질을 가진 것이며 원소의 종류에 따라 어떻게 성질이 다른지 밝혀내려는 노력이 있었지요.

특히 영국의 화학자 돌턴은 다음과 같은 원자설을 주장했어요.

- 모든 물질은 더 이상 쪼갤 수 없는 원자라고 하는 작은 입자로 되어 있다.

- 같은 원소의 원자는 모양, 질량, 성질 등이 모두 같으며 다른 원소의 원자는 모양, 질량, 성질 등이 서로 다르다.
- 화합물은 2종류 이상의 원자가 일정한 비율로 결합하여 만들어진 것이다.
- 화학 변화가 일어날 때, 원자는 서로 자리바꿈을 할 뿐 새로 생기거나 없어지지 않는다.

과학이 발달하면서 돌턴의 원자설 역시 문제점이 있음이 드러나게 되었지만, 원자에 대한 돌턴의 가정은 거의 대부분 옳은 것으로 판명되었습니다.

돌턴의 원자설을 바탕으로 화학은 놀라운 발전을 하게 되었답니다. 그런데 문제는 원자들을 어떻게 구별하느냐였어요. 분명히 화학적 성질이 서로 다른 원소들은 서로 다른 원자로 이루어져 있을 텐데 그것들이 물리적으로 어디가 어떻게 다른지를 알 수 없었던 것이지요. 왜냐하면 원자는 그 크기가 너무 작아 맨눈으로 보거나 사진을 찍을 수 없으니까요.

여러 가지 기술이 발달해 전자 현미경으로 원자의 크기와 모양을 알아낼 수 있고, 질량도 측정할 수 있는 지금도 원자의 색깔 같은 것은 알 수 없답니다.

다음은 실리콘(111)이라는 반도체를 만드는 재료의 표면을

STM이라는 전자 현미경으로 찍은 모습을 나타낸 것인데, 규칙적으로 배열된 흰 공처럼 보이는 것들이 규소 원자입니다. 이것은 원자의 실제 크기를 150억 배 확대한 크기입니다. 엄청나지요?

규소 원자로 이루어진 실리콘의 전자 현미경 사진

전자 현미경은 내가 죽은 지 한참 뒤인 1932년에 처음으로 개발되었어요. 하지만 이것은 여러분이 알고 있는 일반 현미경과는 원리가 좀 달라요. 그래서 원자 사진의 크기와 모양은 알아도 색은 알 수 없답니다. 가끔 여러분이 보는 원자의 컬러는 원자 사진의 실제 색이 아니라 그래픽 처리로 색을 입힌 거예요.

## 원자량의 측정

그래서 내가 주기율표를 만들 당시인 19세기에는 돌턴이 말한 원자의 물리적 성질 중 유일하게 원자의 질량 정도만 파악해 낼 수 있었어요. 이나마도 '원자의 질량은 몇 킬로그램(kg)이다'라고 말하는 것은 불가능했고, '어떤 원자가 수소 원자보다 몇 배 가볍다 또는 무겁다'라고 표현할 수 있는 정도였지요. 왜냐하면 원자는 너무 작아 1개를 저울에 올려놓고 질량을 측정할 수가 없거든요.

그러면 옛날의 과학자들은 어떻게 원자의 질량을 비교했을까요?

예를 들어 창복이라는 어린이가 가진 빨간 구슬의 개수와 은복이라는 어린이가 가진 파란 구슬의 개수가 같다고 합시다.

창복이가 가진 빨간 구슬의 질량이 총 1,000g이고, 은복이가 가진 파란 구슬의 질량이 총 2,000g이라면 두 구슬의 질량비는 얼마일까요? 구슬의 수가 같으므로 두 구슬의 질량비는 빨간 구슬 : 파란 구슬 = 1000 : 2000 = 1 : 2가 되지요.

이것은 다시 말해 구슬이 몇 그램인지는 모르지만 파란 구슬이 빨간 구슬보다 2배 무겁다는 것을 뜻하지요. 바로 이것이 과학자들이 눈에 보이지 않고 질량도 측정할 수 없는 원자의 질량을 비교한 방법이에요.

이렇게 원자들의 질량을 서로 비교하여 가장 가벼운 원자를 1이라고 할 때, 그보다 16배 무거운 원자를 16이라고 나타내는 것은 원자의 진짜 질량은 아니지요. 이것은 그저 질량의 비예요.

원자들의 질량비를 원자량이라고 하는데, 원자의 진짜 질량을 측정하는 오늘날에도 화학자들은 이 값을 이용하고 있답니다. 다음의 그림은 원자량의 개념을 설명하는 거예요.

$^{12}$C원자 1개 $^{1}$H 원자 12개

$^{12}$C원자 4개 $^{16}$O 원자 3개

원자량 측정

여러분이 시소를 타듯이 양팔 저울의 접시에 2종류의 원자를 얹어서 균형을 이루게 하려고 해요. 그런데 탄소 원자는 무거워서 1개만 얹어도 수소 원자 12개와 맞먹는 거예요. 그래서 수소 원자와 탄소 원자의 질량비는 1 : 12라는 걸 알겠지요?

이번에는 탄소 원자와 산소 원자를 얹었더니 탄소 원자 4개와 산소 원자 3개가 서로 균형을 이루었어요. 이것은 오히려 산소 원자가 탄소 원자보다 무겁다는 뜻이지요. 그래서 두 원자의 질량비는 C : O = 3 : 4 = 12 : 16이고요. 그러면 H : C : O = 1 : 12 : 16이라는 의미가 되지요.

## 원자량의 특성

### 원자량은 원소의 종류마다 달라요

원자량의 신기한 점은 원자의 종류, 즉 원소마다 원자량이 모두 다르고 수소 원자량의 정수배에 가깝다는 거예요. 그래서 원자량은 바로 원소를 구별하는 특징이 되었답니다.

나도 이 원자량을 이용하여 주기율표를 만드는 데 많은 도움을 받았지요. 그럼 왜 다른 원소의 원자량이 수소의 정수배가 되는지를 알아볼까요?

이 세상에서 가장 작은 원자량을 가지는 원소는 수소예요. 그런데 다른 기체 원소의 밀도가 수소 기체의 정수배로 나타나는 거예요. 원자량도 수소 원자량의 정수배가 되고요. 이

것은 원자 구조 때문입니다.

하지만 오늘날 정밀한 측정에 의하면 수소의 정수배로 딱 떨어지지는 않아요. 과거에는 저울의 성능이 나빠서 소수점 아래를 구하지 못해 대략 정수배로 나오는 경우가 많았답니다. 오늘날에는 영국의 애스턴(Francis Aston, 1877~1945)이라는 과학자가 발명한 질량 분석기를 이용하여 저울을 사용하지 않고 쉽게 원자량을 측정할 수 있답니다.

### 원자량 기준의 변천사

처음에는 수소를 1이라고 정했지만, 곧 산소를 기준으로 사용하기 시작했어요. 그것은 산소가 많은 원소들과 쉽게 결합할 수 있으므로 다른 특정한 원소의 원자량을 산소와 비교하는 것이 수소보다 더 간단하기 때문이었지요. 그렇다고 산소의 원자량을 임의로 1로 놓아서는 안 되는데, 그것은 산소보다 원자량이 작은 7개의 원소는 1보다 작은 소수로 나타내게 되어 화학 계산을 하는 데 불편해서이지요.

그래서 벨기에의 화학자 스타스(Jean Stas, 1813 ~1891)는 돌턴이 수소 원자를 기준으로 삼았을 때와 같은 방법으로 산소 원자를 기준으로 삼아 16.00으로 정하고 좀 더 정확한 원자량을 발표했어요. 그 후 정밀한 측정에 의하여 수소와 산소의 원자량의 비가 1 : 16에서 약 1%밖에 벗어나지 않음이 밝혀져, 1938년 국제원자량위원회에서는 산소 원자를 원자량의 기준 원자로 채택하였어요.

그 후 1961년까지 여러 해 동안 산소가 기준으로 사용되었어요. 화학자들은 산소 원소의 평균 원자량을 16.00으로 택하였으나 물리학자들은 가장 흔한 산소 동위 원소 $^{16}O$을 정확하게 16.00으로 정하였어요.

그러나 자연에서 산출되는 산소에는 이것보다 더 무거운 동위 원소가 다소 포함되어 있으므로 위의 2가지 척도는 서로 조금씩 차이가 있었어요. 따라서 화학자의 원자량 척도를 물리학자의 척도로 바꾸려면 1.000275를 곱해야만 했지요.

시간이 흐를수록 차이가 있는 2종류의 원자량 척도가 있다는 것이 매우 불편해졌어요. 그래서 화학자나 물리학자가 다 같이 받아들일 수 있는 단일한 기준값이 절실히 요청되었어요.

1962년에 국제순수응용화학연맹(IUPAC)에서 그 당시 가장 흔한 탄소 $^{12}C$의 원자량을 12.00이라고 정함으로써 원자량의 기준이 통일되었어요.

이것은 1개의 동위 원소를 기준으로 해야 한다는 물리학자들의 요구도 만족시켜 줄 수 있었고, 화학자들에게도 결과적으로 과거의 화학적 척도와 불과 0.004% 정도의 차이밖에 나

지 않아 만족스러웠지요. 예를 들면, 이 새로운 척도를 사용하면 산소의 원자량은 16.0000에서 15.9996으로 변경되는 정도였지요. 그래서 지금까지 탄소 $^{12}C$를 원자량의 기준으로 사용하고 있답니다.

그러면 다음 시간에는 과학자들은 원소의 원자량을 이용하여 어떻게 주기율표를 만들게 되었는지, 그리고 각 원소는 원자량 이외에 또 어떤 특징을 가지고 있는지에 대해 알아보기로 해요.

# 만화로 본문 읽기

이렇게 맑고 투명한 물은 더 이상 분해되지 않는 순수한 물질 같은데, 그럼 물은 원소인가요?

그렇지 않아요. 물은 수소와 산소로 이루어진 화합물이에요.

그럼, 물은 수소와 산소로 분해될 수도 있는 건가요?

그래요. 전기 분해를 이용하면 물을 분해할 수 있지요.

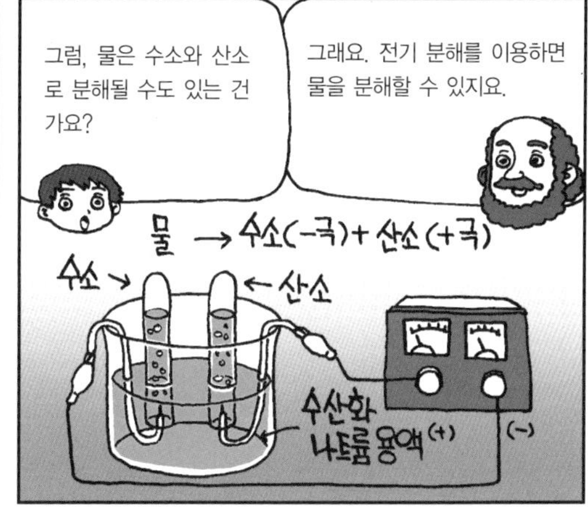


그렇군요. 그런데 왜 수소와 산소로 이루어진 물은 맑고 투명한 액체일까요?

수소 기체와 산소 기체가 반응해서 물이 되는 반응은 처음과는 전혀 다른 성질의 물질이 생성되는 화학 변화예요. 즉, 각 원소가 가졌던 성질은 사라진 거예요.

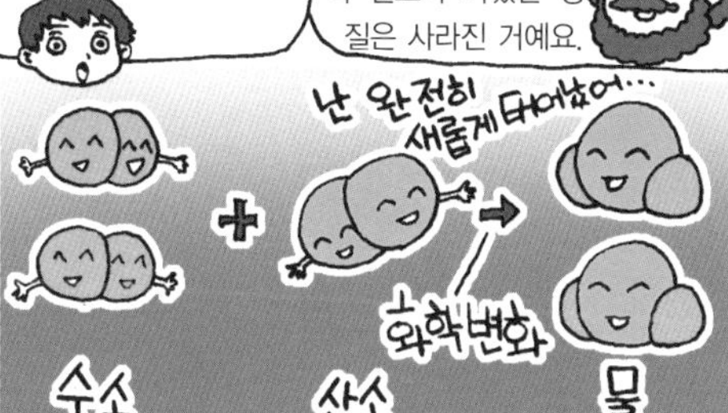


예를 들어 산소 원자(O) 2개가 모여서 산소 분자($O_2$)를 만들 수 있는데, 이는 우리가 숨 쉬는데 꼭 필요한 산소 기체예요.

그럼 원자의 수와 종류에 따라서 만들 수 있는 분자가 여러 가지인가요?

하이! 난 산소 원자 2개가 모여서 만들어진 산소분자야!

$O_2$

네. 만약 산소 원자(O)가 2개가 아니라 3개가 모이면 산소 기체가 아닌 오존($O_3$)이 만들어져요.

그러면 이 세상에 분자와 원자의 종류는 몇 가지 정도나 될까요?

안녕~ 난 산소 기체가 아니라 오존이라고 해.

$O_3$

분자의 종류는 대략 3천만 가지나 되지만 분자를 이루는 원자의 종류는 약 100여 가지뿐이랍니다.

원자들을 어떻게 조합하느냐에 따라 수많은 분자가 만들어지는군요.

세 번째 수업 3

# 뉴랜즈의 옥타브설

주기율이란 무엇일까요?

원소의 화학적 성질, 원자량, 그리고 옥타브설에 대해서 알아봅시다.

3

세 번째 수업

# 뉴랜즈의 옥타브설

교.
과.
연.
계.

고등 화학 II 2. 물질의 구조

# 멘델레예프가 원소의 발견에 대해 이야기하면서 세 번째 수업을 시작했다.

## 원소의 발견과 분류의 필요성

1800년대의 과학자들은 이제 원자가 물질을 이루는 기본 입자이고, 원자의 종류는 원소의 종류만큼 존재한다는 사실을 알았어요.

원자의 종류가 적었을 때에는 이것들을 다루기가 수월했어요. 그것은 마치 적은 수의 자녀를 둔 부모와 같았지요. 그래서 당시의 과학자들은 원소의 이름은 물론, 그들 하나하나의 특징도 다 알고 있었답니다.

그런데 화학이 빠르게 발전하면서 발견되는 원소의 수가 자꾸 늘어 갔어요. 다음 표에서도 알 수 있듯이 1600년대 이전에는 고작 12가지 정도의 반응성이 작은 원소가 알려져 있었어요.

| 원소들의 발견 연도 | 원소의 수 | 원소의 예 |
|---|---|---|
| 고대의 것(1600년도 이전) | 12 | C, S, Fe, Cu, As, Ag, Sn, Hs, Au, Hg, Pb, Bi |
| 1600~1789년 | 16 | H, N, O, Mg, P, Cl, Mn, Co, Ni, Zn, Zr, Mo, Te, W, Pt, U |
| 1790~1817년 | 21 | Li, Be, B, Na, K, Ca, Ti, Cr, Se, Sr, Y, Nb, Rh, Pd, Cd, I, Ba, Ta, Os, Ir, Ce |
| 1818~1869년 | 14 | Al, Si, V, Br, Rb, Ru, In, Cs, Tl, La, Nd, Tb, Er, Th |
| 1870~1900년 | 19 | He, F, Ne, Ar, Sc, Ga, Ge, Kr, Xe, Po, Ra, Pr, Sm, Eu, Gd, Dy, Ho, Tm, Ac |
| 1900~ | 27 | Tc, Lu, Hf, Re, At, Rn, Fr, Lr, Pm, Yb, Pa, Np, Pu, Am, Cm, Bk, Cf, Es, Fm, Md, No, Unq, Unp, Unh, Uns, Uno, Une |

### 과학자의 비밀노트

**전기 분해(electrolysis)**

산화 · 환원 반응이란 반응물 간의 전자 이동으로 일어나는 반응으로 산화와 환원이 동시에 일어난다. 전자를 잃은 쪽을 산화되었다고 하고 전자를 얻은 쪽을 환원되었다고 한다. 자발적으로 산화 · 환원 반응이 일어나지 않는 경우 전기 에너지를 이용하여 비자발적인 반응을 일으키는 것을 전기 분해라고 한다.

예를 들어, 수소와 산소가 반응하여 물이 만들어지면 이 물은 자발적으로 수소와 산소로 되지 못한다. 그러나 전기 에너지를 가해서 반응을 일으키면 물을 수소와 산소로 분해할 수 있다.

그런데 1700년대 후반에 라부아지에(Antoine Lavoisier, 1743~1794)와 여러 과학자들의 노력으로 주요 기체 원소들이 발견되고, 1800년대 초반에 데이비(Humphry Davy, 1778~1829)가 전기 분해 방법으로 반응성이 큰 금속 원소까지 발견하면서 약 200년 사이에 37가지의 원소가 더 발견되어 그 수가 무려 4배에 가까운 49가지로 늘어났지요.

그러자 화학자들은 고민을 하기 시작했어요. 도대체 물질 세계를 지배하는 원리는 무엇일까? 과학은 질서와 규칙성에 근거를 둔 학문인데, 이렇게 원소의 종류가 급작스럽게 늘어나고 그들 사이에 어떤 관계가 있는지 모른다면 화학이 학문으로서 의미가 있을까? 원소들을 어떻게 분류하여 정리할까? 등의 의문들이었지요.

### 분류 방법과 편리함

우선 분류라는 것에 대해서 잠깐 이야기를 해 보겠습니다. 분류란 어떤 기준을 정하여 구성 요소들을 나누는 것입니다. 각각의 구성 요소를 모두 이해하면 더 좋겠지만 구성 요소가 너무 많아지면 하나하나 파악하는 것이 어려워지기 때문에 구분지어 나누는 것입니다. 예를 들어 설명해 보겠습니다.

해마다 3월이면 여러분은 새로운 학년, 새로운 반이 돼요.

선생님도 새로 만나고 친구들도 새로 만나지요. 그런데 담임 선생님은 해마다 새로 만나는 30~40명의 학생들 이름을 외우기가 무척 힘들다고 해요. 당장 출석부에 이름을 적고 청소 당번도 정해야 하는데 이름을 잘 모르니 누구부터 시켜야 할지 고민이 된대요. 그래서 제일 먼저 번호를 정하고 그것에 따라 분단이나 모둠을 정하는 거지요. 그 다음부터는 일일이 이름을 부르지 않아도 모둠별로, 분단별로 활동을 하면 되니까 수업이나 학급의 일을 진행하기가 훨씬 수월해지지요.

여러분의 출석 번호가 키 순서나 이름의 가나다 순서로 정해지듯이 어떤 기준으로 번호를 정하고 그것을 또 다른 기준에 의해 작은 그룹으로 나누어 놓으면, 그 그룹의 성질로 구성 원소들을 쉽게 파악하고 처리할 수 있는 거예요.

화학자들도 원소를 몇 개의 모둠으로 분류하려고 했어요. 모둠의 공통성을 통해 개개 원소의 성질을 쉽고 편리하게 파악함으로써, 물질 세계를 이루는 어떤 규칙성을 발견할 수 있을 것이라고 믿었기 때문이에요.

물질 세계의 규칙성을 밝혀내면 물질에 대한 체계적인 이해가 가능해지고, 나아가서는 과거의 연금술사들이 꿈꾸던 것처럼 원하는 원소나 화합물을 쉽게 만들 수 있을 것이라는 희망을 가졌던 것이지요.

## 화학적 성질에 따라 원소를 분류한 라부아지에

라부아지에와 데이비 같은 과학자들은 자신들의 연구 결과를 바탕으로 원소들을 몇 개의 모둠으로 나누기 시작했어요. 특히 라부아지에는 산소를 발견한 과학자답게 1789년까지 알려진 33가지 원소를 산소와 반응하여 생성된 산화물의 성질에 따라 4그룹으로 분류(1789년, 연소에 관한 이론이 담겨져 있는 《화학 원론》이라는 책에 포함된 내용)하였어요.

첫째 그룹 : 동식물 및 광물계에 포함된 원소 — 산소, 수소, 질소, 빛, 열

둘째 그룹 : 산화되어 산을 만드는 원소 — 황, 인, 탄소, 염소, 플루오르, 붕산

셋째 그룹 : 산화되어 염기를 만드는 금속 원소 — 안티몬, 비소, 은, 구리, 주석, 아연, 철, 망간, 몰리브덴, 수은, 니켈, 금, 백금, 텅스텐

넷째 그룹 : 염을 만드는 원소 — 생석회(산화칼슘), 바라이트(산화바륨), 마그네시아(산화마그네슘), 알루미나(산화알루미늄), 실리카(이산화규소)

그러나 위의 내용에서도 알 수 있듯이 라부아지에는 원소를 어떤 기준에 의해 순서대로 늘어놓거나 번호를 정하지는 않았어요. 그래서 모둠의 공통성은 밝혀도 원소들의 규칙성을 발견하기는 어려웠어요.

첫 번째 그룹은 연소를 시키는 기체인 산소를 포함하고 있으며, 수소처럼 연소하여 중성의 생성물을 만들거나 연소하지 않는 질소 기체를 포함하고 있어요. 그런데 이상한 것은 원소가 아닌, 연소할 때 발생하는 빛과 열까지 포함시켰다는 거예요. 이것이 오늘날에는 우스운 것처럼 보이겠지만 그 당시에는 아주 당연한 것이었어요. 아직 물질의 연소에 대해 제대로 밝혀지지 않아 플로지스톤이니 연소니 하며 열에너지조차 물질로 취급하던 시절이니까요.

두 번째 그룹은 오늘날 비금속이라 불리는 원소들인데, 이들의 산화물은 물에 녹으면 산성을 띱니다. 여기서 붕산은 원소가 아니라 화합물이랍니다.

세 번째 그룹은 오늘날 금속이라 부르는 원소들인데, 이들의 산화물은 물에 녹으면 염기성을 띱니다.

네 번째 그룹은 당시에는 연소가 되지 않는 원소라고 생각했는데, 사실은 반응성이 매우 커서 이미 산화된 화합물들이었답니다. 이것들은 데이비가 전기 분해 방법을 개발한 후에야 화합물임이 밝혀졌지요.

라부아지에의 분류는 돌턴의 원자설보다 먼저 이루어진 것이기 때문에 원자량 같은 물리적 기준은 없었고 원소의 화학적 성질이라는 화학적 기준만 있었어요. 그래서 그의 분류는 주기율표와는 거리가 멀었어요.

하지만 원소들을 성질에 따라 분류하여 공통성을 찾으려는 노력을 했다는 점에서 의미가 있어요. 후에 다른 과학자들이 계속 그런 노력을 할 수 있도록 길을 안내한 것이죠. 우리는 그가 주어진 여건에서 최선을 다해 연구했다는 것을 잊지 말아야 해요.

## 되베라이너의 세 쌍 원소설

### 원자량의 등장으로 더욱 가속화된 원소의 분류

라부아지에 이후에 등장한 이탈리아의 칸니차로(Stanislao Cannizzaro, 1826~1910)나 스웨덴의 베르셀리우스에 의하여 더 많은 원소의 정확한 원자량이 결정되어짐에 따라 화학자들은 원소마다 원자량이 다르다는 점을 발견하였어요. 그후로 원소의 화학적 · 물리적 성질과 원자량의 관계가 자주 논

의되었어요. 이러한 논의를 바탕으로, 원자량을 기준으로 원소를 분류하려는 시도들이 나타나기 시작했어요. 대표적으로 되베라이너(Johann Döbereiner, 1780~1849)가 제시한 세 쌍 원소설이 있지요.

### 비슷한 성질을 가진 세 쌍 원소들의 특별한 원자량 관계

1817년, 되베라이너는 데이비의 전기 분해 실험으로 알려진 원소인 칼슘, 스트론튬, 바륨과 같이 비슷한 성질을 가진 원소들 사이에 세 쌍 원소 관계가 성립하는 것을 발견했어요. 세 쌍 원소란 오늘날의 주기율표상 같은 세로 줄에 오는 원소들로, 화학적 성질이 매우 비슷하고 원자량이 A, B, C 순서를 이룰 때 가운데 B의 원자량, 밀도, 녹는점과 같은 물리적 성질, 반응성과 같은 화학적 성질이 A와 C의 평균값에 해당하는 관계를 뜻합니다.

그는 스트론튬의 원자량이 칼슘과 바륨의 평균값이 된다는 것에서 이 관계를 처음 찾았는데, 후에 브롬이 염소와 요오드의 평균값이 된다는 것도 밝혔어요. 그리고 돌턴도 리튬, 나트륨, 칼륨과 황, 셀렌, 텔루르의 세 쌍 원소 관계를 발견했어요.

| 원소 | 원자량 | 밀도(g/cm³) | 녹는점(℃) |
|---|---|---|---|
| 칼슘(Ca) | 40.08 | 1.55 | 842~848 |
| 스트론튬(Sr) | 87.62 | 2.63 | 777 |
| 바륨(Ba) | 137.33 | 3.50 | 725 |

이와 같은 세 쌍 원소의 관계가 적용되는 원자는 그 당시 발견된 원소들에 비하여 극히 일부분이었으므로 그의 발견이 그렇게 중요하게 받아들여지지는 않았어요. 그러나 원소들 간의 관계가 각 원소들의 원자량과 관련이 있다는 되베라이너의 관찰 결과는 후에 원소들 간의 관계를 알아내는 데 결정적인 기여를 하게 되었어요.

## 뉴랜즈의 옥타브설

### 원소들을 원자량 순서로 늘어놓기 시작한 과학자들

나를 비롯한 19세기의 과학자들은 세 쌍 원소처럼 원자들을 원자량 순서로 정리하기 시작했어요. 원자량은 불연속적이어서 번호는 정하지 못하고 순서만 정할 수 있었어요. 즉, 원자량이 제일 작은 원소를 맨 앞에 놓고 원자량이 커지는 것에 따라 순서를 정하였답니다. 그러나 원소가 자꾸 발견되므

로 일정한 번호를 정할 수는 없었어요.

그런데 원소들을 한 줄로 늘어놓기만 하자니 아주 불편했지요. 생각해 보세요. 만일 담임 선생님께서 여러분 반 학생들을 교실에 한 줄로 앉힌다면 어떻겠어요? 교실은 직사각형인데 길게 늘어서기만 하면 공간도 제대로 활용할 수 없고 뒤에 앉은 학생은 칠판도 안 보이겠죠? 그래서 선생님이 보통 6명이나 8명 단위로 나눠서 모둠을 만드시는 거예요.

과학자들도 원소들을 몇 개의 그룹으로 나누고 싶어 했어요. 하지만 방법을 몰라서 고민을 했어요.

### 주기율을 발견하기 시작한 과학자들

그러던 중 1861년에 드 샹쿠르투아(Alexandre Beguyer de Chancourtois, 1820~1886)는 원통 표면에 나선을 그린 후 산소의 원자량을 기준으로 원주선을 16등분하고, 45°의 나선 위에 점을 찍어 원소들을 분류하였어요. 이를 통해 원자량 7, 23, 39를 갖는 리튬, 나트륨, 칼륨의 세 원소가 한 줄의 수직선 위에 오고 산소, 황, 셀렌, 텔루르 등의 네 원소가 다른 수직선상에 오는 것을 발견했지요. 드 샹쿠르투아는 마침내 수직선상에 오는 원소들의 성질이 서로 비슷하며 원자량이 16씩 늘어나는 것을 알아냈습니다.

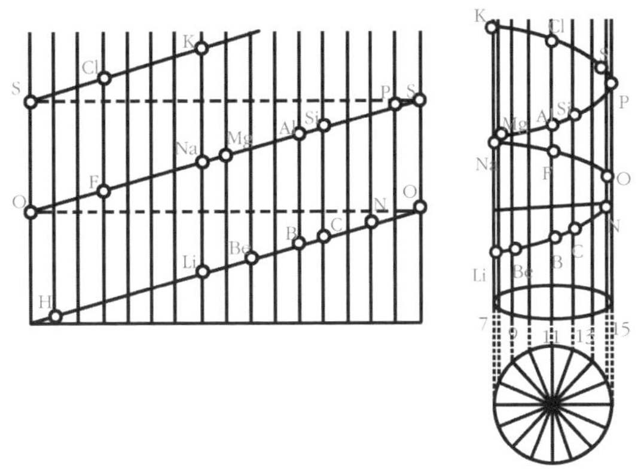

드 샹쿠르투아의 나선형 원소 분류

## 여덟 번째마다 비슷한 성질이 나타나는 옥타브설

이와 비슷한 시도를 한 과학자가 또 있었는데 바로 영국의 화학자 뉴랜즈(John Newlands, 1837~1898)였어요. 1863년, 뉴랜즈는 원통에 원소를 원자량 순서로 나열해 보니 나선형 구조를 이루면서 여덟 번째 원소마다 성질이 비슷한 원소가 반복된다는 것을 발견했어요. 이것을 뉴랜즈의 옥타브설이라고 해요.

피아노 건반을 보면 도레미파솔라시도로 똑같은 건반 모양이 반복되는 것을 볼 수 있지요? 낮은 도에서 높은 도까지를 한 옥타브라고 합니다. 옥타라는 말은 숫자 8을 뜻해요. 그는 옥타브설에 의해 원소들의 분류표를 만들었는데 그것은 다음과 같아요.

| 원소 기호 | 원소 번호 | 원소 기호 | 원소 번호 | 원소 기호 | 원소 번호 | 원소 기호 | 원소 번호 | 원소 기호 | 원소 번호 | 원소 기호 | 원소 번호 | 원소 기호 | 원소 번호 | 원소 기호 | 원소 번호 |
|---|---|---|---|---|---|---|---|---|---|---|---|---|---|---|---|
| H | 1 | F | 8 | Cl | 15 | Co,Ni | 22 | Br | 29 | Pd | 36 | I | 42 | Pt, Ir | 50 |
| Li | 2 | Na | 9 | K | 16 | Cu | 23 | Rb | 30 | Ag | 37 | Cs | 44 | Tl | 53 |
| Be | 3 | Mg | 10 | Ca | 17 | Zn | 24 | Sr | 31 | Cd | 38 | Ba,V | 45 | Pb | 54 |
| B | 4 | Al | 11 | Cr | 19 | Y | 25 | Ce, La | 33 | U | 40 | Ta | 46 | Th | 56 |
| C | 5 | Si | 12 | Ti | 18 | In | 26 | Zr | 32 | Sn | 39 | W | 47 | Hg | 52 |
| N | 6 | P | 13 | Mn | 20 | As | 27 | Di, Mo | 34 | Sb | 41 | Nb | 48 | Bi | 55 |
| O | 7 | S | 14 | Fe | 21 | Se | 28 | Ro, Ru | 35 | Te | 43 | Au | 49 | Cs | 51 |

이 표에 의하면 8번 원소의 특성은 1번 원소와 비슷하며, 15번 원소는 1번, 8번 원소와 비슷합니다. 즉 비슷한 성질의 원소가 8개마다 되풀이되어 나타나는 것을 볼 수 있지요. 그의 이러한 발표는 17번째 원소까지는 잘 들어맞았으나, 그 이상부터는 잘 맞지 않았어요.

오늘날 여러분이 사용하는 주기율표에서는 9개마다 비슷한 성질을 가진 원소들이 되풀이되어 나타나지요. 이러한 오차는 1800년대 후반까지도 비활성 기체라고 불리는 아주 특별한 성질을 가진 원소들이 발견되지 않았기 때문에 발생한 것입니다. 그런데 이것을 모른 뉴랜즈는 자신의 옥타브설을 너무 믿고 7개의 모둠을 고집하다 보니까 성질이 제법 다른 원소들을 같은 세로 줄, 즉 같은 모둠에 속하게 만들었어요.

비록 그의 시도에 오류가 많긴 했지만 다른 화학자들에게

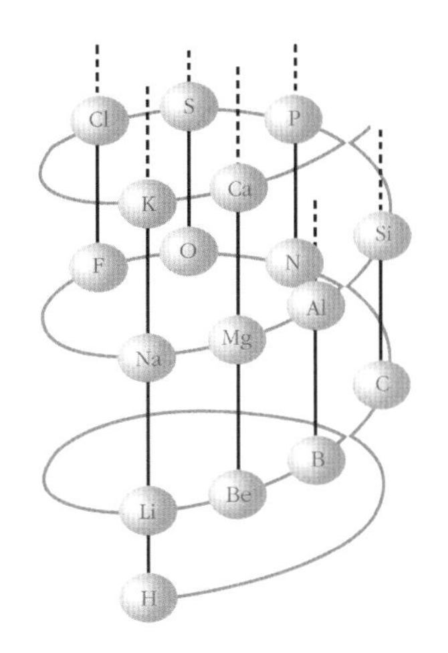


뉴랜즈의 나선형 옥타브설

는 많은 교훈을 주었어요. 되베라이너의 세 쌍 원소설 발견 이후 원소 성질의 유사성과 원자량의 직접적인 관계에 따라 뉴랜즈는 원소를 원자량 그 자체가 아니라 원자량의 크기에 따라 순서를 정하고 화학적 성질에 더 중점을 두었지요. 이는 후배 과학자들에게 주기율의 가능성을 보여 주었습니다.

### 주기율

원소의 비슷한 성질이 규칙적으로 반복되는 법칙

원소들을 원자량의 순서에 따라 늘어놓았을 때, 일정한 간

격을 두고 비슷한 성질을 가진 원소들이 규칙적으로 되풀이 되는 것을 주기율이라고 해요. 뉴랜즈가 주장한 옥타브설도 주기율이에요. 왜냐하면 주기율이란 칠일마다 월화수목금토일이 반복되는 달력의 요일과 같아서 비슷한 성질의 원소가 8개마다 반복되어 나타나기 때문이지요.

1869년, 나와 독일의 마이어(Julius Meyer, 1830~1895)는 둘이 거의 동시에 원소의 주기율에 근거해 처음으로 주기율표를 만들었어요. 우리 둘 다 가로줄은 원자량 순서로 정하였지만, 세로줄의 기준은 약간 달랐습니다.

### 원자의 부피를 기준으로 주기율표를 만든 마이어

마이어는 1864년에 체계 내 6군, 체계 외 7군, 합계 13군으로 된 원소의 분류를 발표하였어요. 그중 체계 내 6군에는 27개의 원소가 원자량 순으로 배열되어 오늘날 주기율표의 전형 원소와 비슷한 형태를 하고 있습니다.

원소의 밀도에 관심이 많았던 그는 일정한 질량(예를 들어 1g)의 원자 부피가 원자량에 따라 주기적으로 변하는 것을 발견하였어요.

다음의 그래프는 부피가 일정한 간격으로 증가와 감소를 반복하는 현상을 보여 주고 있어요. 이것도 사실은 오늘날

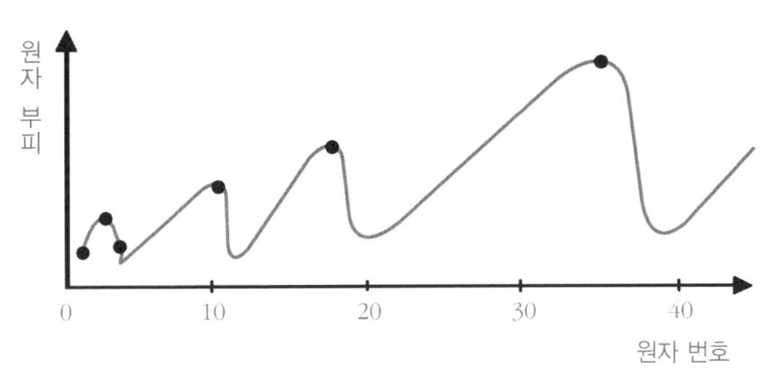


원자 부피의 주기율

잘 알려진 주기율의 한 예입니다.

마이어는 1870년에 나와는 별도로 주기율표를 발표했어요. 이 표는 오늘날의 주기율표를 옆으로 뉘여 놓은 것과 비슷해요. I, II, III군까지는 비활성 기체를 제외한 7개의 그룹이 있고, 그것은 오늘날 주기율표의 1, 2, 13~17족에 해당하는 원소들이에요. IV군, VI군과 VIII군은 오늘날 주기율표의 전이 원소에 해당하는 것으로, 각각 4, 5, 6주기의 원소에 해당합니다.

이렇게 마이어의 주기율표는 오늘날의 주기율표와 비슷하기는 하지만 화학적 의미를 제대로 전달하지 못했어요.

### 원소의 화학적 성질을 기준으로 주기율표를 만든 멘델레예프

나는 러시아의 상트페테르부르크 대학교에서 화학을 가르

| I | II | III | IV | V | VI | VII | VIII | IX |
|---|---|---|---|---|---|---|---|---|
| | B=11.0 | Al=27.3 | - | - | | In=113.4 | - | Ti=202.7 |
| | C=11.97 | Si=28 | Ti=48 | - | - | Sn=117.8 | - | Pb=206.4 |
| | N=14.01 | P=30.9 | V=51.2 | As=74.9 | Zr=89.7 | Sb=122.1 | Ta=182.2 | Bi=207.5 |
| | O=15.96 | S=31.98 | Cr=52.4 | Se=78 | Nb=93.7 | Te=128.7 | W=183.5 | |
| | F=19.0 | Cl=35.38 | Mn=54.8 | Br=79.75 | Mo=95.6 | J=126.5 | Os=196.67 | |
| | | | Fe=55.9 | | Ru=103.5 | | Ir=196.7 | |
| - | | | Co.Ni=58.6 | | Rh=104.1 | | Pt=196.7 | |
| Li=7.01 | Na=22.99 | K=39.04 | Cu=63.3 | Rb=85.2 | Pd=106.2 | Cs=132.7 | Au=196.2 | |
| Be=9.3 | Mg=23.9 | Ca=39.9 | Zn=64.9 | Sr=87.0 | Ag=107.66 | Ba=136.8 | Hg=199.8 | |
| | | | | | Cd=111.6 | | | |

마이어의 주기율표(1870년)

치는 교수였기 때문에 학생들에게 원소의 성질을 가르칠 때 어떻게 하면 무의미한 암기를 줄일 수 있을까 고민했어요. 고민 끝에 나는 원소들을 모둠으로 나누는 것을 좀 더 의미 있는 규칙성에 근거해야 겠다고 생각했어요. 그리고 그 규칙성이란 바로 선배 과학자들이 발견한 주기율이라고 생각했어요. 그래서 분류의 기준을 원소의 화학적 성질에 기초하였지요. 그것이 바로 나와 마이어의 차이였어요. 마이어는 물리적 성질에, 나는 화학적 성질에 초점을 맞추어 제각각 주기율표를 만들었지요. 이렇게 해서 원소들을 체계적으로 분류한 최초의 주기율표가 등장하게 된 거예요.

### 후배의 밑거름이 되는 선배 과학자들

지금까지의 이야기에서 알 수 있듯이 주기율표는 어느 날 갑자기 떠오른 아이디어가 아니라 원소의 발견, 원자량의 측정이라는 화학의 발전과 더불어 만들어진 것입니다. 그리고 여러 선배 과학자들의 시행착오 덕분에 후배인 내가 제대로 만들 수 있었던 것이죠.

내가 여러분에게 강조하고 싶은 것은 우리보다 앞서 열심히 노력한 많은 조상들과 선배들에게 감사하는 마음을 가져야 한다는 거예요. 그리고 여러분 또한 자라서 열심히 공부하고, 일하여 여러분의 후세에게 도움을 주는 사람이 되어야 한다는 거예요.

내가 만든 주기율표 이야기는 다음 시간에 계속하겠습니다.

# 만화로 본문 읽기

우리 같이 '도레미파 솔라시도'를 연주해 볼까?
그래, 내가 한 옥타브 올려서 연주할게~.
듣기 좋은 화음이군요. 원소들 사이에서도 옥타브 규칙이 성립한다는 것을 알고 있나요?

정말요?
뉴랜즈는 원자량 순서로 원소들을 나열하면 8번째 원소마다 성질이 비슷한 원소가 반복된다는 것을 발견하였는데, 이것이 옥타브설이에요.
도 레 미 파 솔 라 시
H Li Be B C N O
F Na Mg Al Si P S
Cl K Ca

그런데 현재 사용하는 주기율표는 원자량 순서와 반드시 일치하는 건 아니잖아요?
그렇지요. 뉴랜즈가 옥타브설을 주장할 당시에는 모든 원소가 발견된 것이 아니어서 오차가 발생했지만, 주기율 개념의 기초를 마련했다고 볼 수 있지요.
난 19번 원소야!
난 너보다 원자량이 크지만 더 앞번호거든~
K
Ar

뉴랜즈 이전에 되베라이너도 물리적 · 화학적 성질이 비슷한 세 쌍 원소의 관계를 발견했어요.
아~, 성질이 비슷한 세 원소가 원자량이 A, B, C 순서를 이룰 때 B의 성질은 A와 C의 평균값에 해당한다는 '세 쌍 원소설' 말씀이시군요.
내 원자량은 $\frac{Ca+Ba}{2}$ 로 근사값을 구할 수 있어.
랄라~
우린 세 쌍둥이 라네~
Ca
Sr
Ba
원자량=40.08
원자량=87.62
원자량=137.33

허허, 그래요. 잘 알고 있군요.
선생님께서도 주기율표를 만드셨잖아요? 어떤 기준으로 만드셨나요?

난 뉴랜즈의 옥타브설을 보완하기 위해 원소의 화학적 성질에 근거한 주기율에 따라 표를 만들었지요.
정말 대단하세요.

네 번째 수업 4

# 멘델레예프의 주기율표

멘델레예프는 원소의 분류를 '퍼즐'이라고 생각했어요.
현대적 주기율표의 토대를 완성한 멘델레예프의 업적에 대해 알아봅시다.

4

네 번째 수업

# 멘델레예프의 주기율표

교. 고등 화학 II 2. 물질의 구조
과.
연.
계.

# 멘델레예프가 원소의 이름이 적힌 카드를 가져와서 네 번째 수업을 시작했다.

## 주기율표는 원소의 화학적 성질에 의한 분류표

내가 주기율표를 만들 무렵인 1800년대 후반에는 63종의 원소가 발견되었습니다. 이것들의 화학적 및 물리적 성질에 관련된 방대한 자료를 수집하기는 했으나 어떻게 정리하는가가 문제였어요. 수집된 자료를 검토한 결과 몇몇의 원소들이 원자량과 화학적 성질 간에 어떤 관계를 지니고 있음을 확인할 수 있었어요.

그러나 그뿐이었죠. 그것은 되베라이너가 이미 발견한 것

이었고, 모든 원소에서 성립되는 것도 아니었어요. 그렇다고 원자량의 순서에 따라 한 줄로 늘어놓으니 줄의 길이가 끝이 없었답니다.

원소의 기호와 성질을 적은 여러 장의 카드들을 이리저리 움직이며 맞춰 보던 나는 이것들이 마치 퍼즐 조각들처럼 느껴졌어요.

여러분은 퍼즐을 맞춰 본 적이 있나요? 그 조각이 100개쯤만 되어도 꽤 어렵죠? 그렇다면 퍼즐을 맞출 때 무엇을 기준으로 하나요? 퍼즐을 풀기 위해서 나는 다음과 같은 몇 가지 원칙을 세우고 원소의 분류라는 퍼즐을 풀어야겠다고 생각했어요.

- 원소들을 원자량에 따라 배열하면 성질의 주기성이 나타난다.
- 화학적 성질이 비슷한 원소들은 원자량이 거의 비슷(백금, 이리듐, 오스뮴 등)하거나, 규칙적으로 증가(칼륨, 루비듐, 세슘 등)한다.
- 원자량이 증가함에 따라 원자가도 증가한다.
- 자연계에 분포되어 있는 원소들은 원자량이 작고 성질도 뚜렷한 대표적인 원소들이다.
- 원자량은 원소의 성질을 결정한다.
- 빈자리에 여러 개의 새로운 원소들의 발견이 예상된다.

- 몇 가지 원자의 원자량 값은 수정될 것이다.(역전 현상)
- 주기율표는 과거에 생각하지 못했던 원소들 사이의 새로운 유사성을 보여준다.

과학자의 비밀노트

**원자가(valence)**

원자가란 분자 내에서 한 원자가 다른 원자와 결합하는 수, 또는 결합선의 수를 나타낸다. 원자가는 원자의 가장 바깥 껍질에 있는 전자의 수를 나타내는 원자가전자에 의해 나타나며, 화학적인 성질과 반응을 결정하는 데에 큰 영향을 미친다. 예를 들어 물($H_2O$)의 구조식은 H–O–H로, 수소 원자는 1개의 결합선을 가지므로 원자가는 1, 산소 원자는 2개의 결합선을 가지므로 원자가는 2가 된다.

원자의 원자가는 항상 고정된 값은 아니다. 특히 전이 원소들에서 원자가는 형성하는 화합물에 따라 다를 수도 있다. 철(Fe)의 경우, FeO에서는 2, $Fe_2O_3$에서는 3의 원자가를 가지게 된다.

이 설명이 여러분에게는 좀 어렵게 들릴 것 같네요. 그러면 쉽게 설명해 볼게요.

### 주기율표의 가로줄은 원자량, 세로줄은 화학적 성질

나도 처음에는 뉴랜즈처럼 우선 원소들을 원자량의 순서에 따라 가로로 늘어놓고, 그 다음에 성질이 비슷한 원소들을



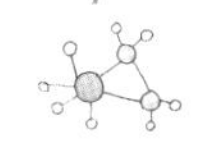

세로줄에 오도록 잘라서 차례로 배열했어요. 이때 내가 기준으로 삼은 성질은 원소의 화학적 성질이었답니다.

특히 산소와의 반응으로 생성되는 산화물의 화학식을 기준으로 원소의 원자가를 결정했어요. 원자가란 한 원자가 다른 원자와 이루는 화학 결합의 수를 뜻해요. 그런데 산소 원자는 욕심쟁이라서 몇몇의 원소를 제외하고는, 거의 다른 원자로부터 2개의 전자를 빼앗다시피 하면서 화학 결합을 하다 보니 대개 원자가가 2가 돼요.

예를 들어, RO라고 나타낸 산화물은 R에 해당하는 원자들이 2개의 전자를 잃고 산소 원자와 1 : 1로 반응하는 것을 뜻하지요. 그런데 화학 반응이란 전자를 이용한 반응이므로 원자가 전자의 수가 같으면 그 원자들의 화학적 성질은 매우 비슷하답니다.

나는 이러한 원소의 산화물에 대한 연구를 바탕으로 리튬, 베릴륨, 붕소, 탄소, 질소, 산소, 플루오르의 순으로 배열하고, 그들의 원자가를 1, 2, 3, 4, 3, 2, 1로 정하였어요. 그리고 이에 원자량 순서가 연결되는 7개의 원소인 나트륨, 마그네슘, 알루미늄, 규소, 인, 황, 염소의 원자가를 각각 1, 2, 3, 4, 3, 2, 1로 하였지요.

여기서 나는 원자량의 증가에 따라서 원자가가 주기적으로 증감하는 사실을 발견하였어요. 또 원자가가 같은 원소가 위아래로 배열된 경우, 같은 열에 들어가는 원소의 화학적 성질이 비슷하다는 것도 알게 되었습니다.

이렇게 산화물을 기준으로 원소를 분류하는 방법은 라부아지에가 먼저 시도했었지요. 그러나 그는 원자량 순으로 배열하지는 않았답니다.

나는 뉴랜즈처럼 원자량 순으로 배열한 후 산화물의 성질을 기준으로 주기율에 적용해 보았습니다.

## 멘델레예프 주기율표의 특징

### 마땅한 원소가 없으면 그 자리를 물음표로 비워 놓기

내가 주기율표를 만든 다른 과학자들과 다른 점은 주기율을 따르되 원소의 화학적 성질에만 충실하여 비슷한 성질을 가진 마땅한 원소가 없으면 그 자리를 물음표로 비워 놓은 것이었어요.

다른 과학자들은 원자량이 증가할수록 규칙성을 발견하기 어려움에도 불구하고 기존의 그룹에 억지로 끼워 넣어 불규칙성이 증가하였는데 내 생각은 달랐어요.

| | | | | | |
|---|---|---|---|---|---|
| | | | Ti—50 | Zr—90 | ?—180 |
| | | | V—51 | Nb—94 | Ta—182 |
| | | | Cr—52 | Mo—96 | W—186 |
| | | | Mn—55 | Rb—104.4 | Pt—197.4 |
| | | | Fe—56 | Ru—104.4 | Ir—198 |
| | | | Ni-Co—59 | Pd—106.6 | Os—199 |
| H—1 | | | Cu—63.4 | Ag—108 | Hg—200 |
| | Be—9.4 | Mg—24 | Zn—65.2 | Cd—112 | |
| | B—11 | Al—27.4 | ?—68 | Ur—116 | Au—197? |
| | C—12 | Si—28 | ?—70 | Sn—118 | |
| | O—16 | S—32 | Se—79.4 | Te—128? | |
| | F—19 | Cl—35.5 | Br—80 | I—127 | |
| Li—7 | Na—23 | K—39 | Rb—85.4 | Cs—133 | Tl—204 |
| | Ca—40 | Sr—87.6 | Ba—137 | Pb—207 | |
| | ?—45 | Ce—92 | | | |
| | ?Er—56 | La—94 | | | |
| | ?Yt—60 | Di—95 | | | |
| | ?In—75.6 | Th—118? | | | |

멘델레예프의 주기율표(1869년)

원소들을 이리저리 배열하던 나는 마치 100개짜리 퍼즐에서 몇 십 개를 잃어버린 채 퍼즐을 맞추고 있다는 느낌이 들었어요. 지금은 원소의 종류가 100개가 넘지만, 앞에서도 말했듯이 내가 주기율표를 만들 때에는 오직 63개의 원소만이 발견되어 있었거든요. 그것도 오늘날 주기율표의 1번에서 63번까지의 원소가 아니라 중간마다 빈자리가 있었어요. 하지만 나는 200년 동안 20여 개의 원소가 계속 발견된 그 당시 화학의 발전 속도로 봐서 앞으로도 더 많은 원소가 발견될 것이라고 생각했어요.

### 빈자리 원소의 퍼즐을 찾아라!

나는 뉴랜즈가 해결하지 못한 칼슘 이후의 원소들은 몇 개의 칸을 비워 놓는 방법으로 피했어요. 예를 들어, 표의 어떤 곳에서는 빈자리가 있어야만 성질이 비슷한 원소들을 같은 세로줄에 적절히 배열할 수 있음을 알아내었던 거죠. 이 빈칸은 마치 잃어버린 퍼즐 조각처럼 장차 발견되어 채워져야 할 원소라고 믿었어요.

내가 만든 주기율표에는 6군데의 빈자리가 있었어요. 사람들은 처음에 그 주기율표를 보고 비웃었죠. 뉴랜즈와 다를 것도 별로 없으면서 아무렇게나 빈자리를 만들어 비겁하게 문제를 해결하려고 한다고 말이죠. 그러나 나는 결코 아무렇게나 빈자리를 만든 것이 아니었어요. 내가 옳다는 것을 증명하기 위해 나는 몇 가지 예언을 했어요.

### 주기율표를 근거로 새로운 원소의 성질을 예측

6군데의 빈자리 중에 원자량 45, 68, 70에 해당하는 자리가 있었어요. 이것은 바로 알루미늄, 규소, 보론(스칸듐)의 아래였어요. 그래서 나는 이 자리에 들어갈 원소들의 성질을

예측해 보았어요. 이름은 에카-알루미늄, 에카-규소, 에카-보론이라고 지었어요. 여기서 에카(eka)는 '아래'라는 뜻입니다.

이 원소들의 성질을 예측하는 것은 아까도 말했듯이 마치 퍼즐 맞추기와 같았어요. 여러분은 퍼즐의 빈자리를 어떻게 채워 나가지요? 빈 구멍의 퍼즐을 찾기 위해서는 주변 퍼즐들의 모양과 색깔을 유심히 관찰하지요? 그러면 빈자리에 들어갈 퍼즐의 모양과 색깔에 대한 힌트를 찾을 수가 있으니까요. 이것은 되베라이너의 세 쌍 원소설을 적용한 셈이죠.

아무튼 이러한 방법으로 빈자리에 해당하는 원소들은 그 위아래에 존재하는 다른 원소들의 성질로 미루어 짐작할 수가 있었어요. 이로써 나는 에카-알루미늄, 에카-규소, 에카-보론의 물리적 · 화학적 성질을 예측하여 발표했지요.

### 드디어 발견된 에카-알루미늄, 에카-규소, 에카-보론

내가 만든 주기율표를 사람들이 신뢰하게 만든 결정적인 사건이 생겼어요. 그것은 바로 1875년, 갈륨의 발견이었어요.

갈륨의 성질을 조사해 보니 내가 주기율표로부터 예측한 에카-알루미늄의 성질과 상당히 잘 들어맞았어요. 예를 들면, 나는 원자량을 68로 예측했는데 실제로는 69.7로 나왔고, 밀도를 5.9로 예상했는데 실제로는 5.91이 나왔어요.

화학적 성질도 마찬가지였어요. 나는 에카-알루미늄이 산소와 결합하면 $Ea_2O_3$가 되고, 염화물도 $EaCl_3$가 될 것이라고 생각했어요. 갈륨도 실제로 $Ga_2O_3$이고 $GaCl_3$였지요. 1879년과 1886년에 발견된 스칸듐과 게르마늄도 역시 에카-보론, 에카-규소와 일치했어요.

내가 예언한 원소들과 발견된 후 알려진 성질은 다음 페이지의 표와 같아요.

### 원자량의 순서보다 화학적 성질을 더 중요시한 멘델레예프

또 하나 나의 주기율표가 위력을 나타낸 것은 이른바 역전 현상이라는 것이었어요. 나는 원자량을 기본으로 순서를 정하였는데 비슷한 성질의 원소가 같은 세로 줄에 오게 하려고 하니까 텔루르와 요오드의 순서가 뒤바뀌어야 했어요. 내가 앞서 '원자량의 값이 원소의 성질을 결정한다'고 말한 것처럼 원자량에 대한 믿음에는 변함이 없었어요. 그래서 나는 텔루르와 요오드의 원자량이 잘못 측정된 것이라고 생각했죠.

다른 과학자라면 원자량만을 믿어 원소의 위치를 바꾸었을 텐데 나는 반대로 주기율을 확신하여 원자량을 의심했던 거죠. 사실 이것은 원자량이 잘못 측정된 것이 아니라 원소의

| 비교 \ 원소명 | 멘델레예프의 예언(1871년)<br>에카-규소 | 빙클러의 발견(1886년)<br>게르마늄 |
|---|---|---|
| 원자량 | 72 | 72.56 |
| 원자가 | 4 | 4 |
| 비중 | 5.5 | 5.35 |
| 녹는점(℃) | 높음 | 952℃ |
| 색 | 회색 | 회색 |
| 산화물 | $XO_2$형 | $GeO_2$ |
| 염화물 | $XCl_4$형 | $GeCl_4$ |
| 염화물의 끓는점 | 90℃ | 84℃ |

| 비교 \ 원소명 | 에카-알루미늄 | 부아보드랑의 발견(1875년)<br>갈륨 |
|---|---|---|
| 원자량 | 68 | 69.6 |
| 비중 | 6.0 | 5.94 |
| 녹는점(℃) | 낮음 | 30 |
| 공기 속의 변화 | 안정 | 쉽게 산화되지 않음 |
| 화학 반응 | 산, 알칼리에 용해 | 산, 알칼리에 용해, $H_2$ 발생 |
| 산화물 | $Ea_2O_3$ | $Ga_2O_3$ |
| 염화물 | $EaCl_3$ | $GaCl_3$ |

| 비교 \ 원소명 | 에카-보론 | 닐슨의 발견(1879년)<br>스칸듐 |
|---|---|---|
| 원자량 | 44 | 43.97 |
| 비중 | 3.0 | - |
| 산화물 | $Eb_2O_3$ | $Sc_2O_3$ |
| 염화물 | $EbCl_3$ | $ScCl_3$ |
| 염화물의 성질 | 승화성 | 800℃에서 승화 |
| 염화물의 용해도 | 물에 녹음 | 물에 녹아 가수 분해됨 |
| 황산염 | $Eb_2(SO_4)_3$ | $Sc_2(SO_4)_3$ |
| 황산염의 성질 | 물에 녹지 않음 | 물에 녹지 않음 |

성질이 원자량이 아닌 원자 번호에 의존하기 때문에 생긴 문제였어요.

오늘날의 주기율표를 잘 살펴보면 원자량의 순서와 원자 번호가 뒤바뀐 곳이 몇 군데 있어요. 수수께끼 삼아 여러분이 직접 찾아보세요. 그러면 이들의 원자량 차이가 그리 크지 않음을 알 수 있을 거예요. 이것은 바로 동위 원소라는 것 때문에 가능한 것이지요. 동위 원소라는 말에 대해서는 조금 더 있다가 이야기하도록 해요.

### 현대적 주기율표의 토대를 완성한 멘델레예프

나의 주기율표는 오늘날의 주기율표와 많이 다르지요. 비록 뉴랜즈보다 하나 더 많은 그룹을 가지고 있긴 하였으나 아직 비활성 기체가 발견되기 이전이었으므로, 마지막 여덟 번째 세로줄은 오늘날 전이 원소라고 하는 것들이 차지하고 있어요. 하지만 전형 원소들의 세로 줄은 오늘날의 주기율표와 매우 비슷하여 동족 원소라는 개념을 성립시켰지요.

동족 원소란 주기율표의 같은 세로 줄에 오는, 화학적 성질이 매우 비슷한 원소들의 모임을 말합니다. 알칼리 금속과 할로겐 원소가 가장 대표적인 동족 원소들이지요.

결론적으로 나의 주기율표에는 남과는 다른 점이 2가지 있

어서 아직도 주기율표 하면 사람들이 나를 높게 평가하는 것입니다. 그 하나는 원소의 성질을 주기율에 맞게 분류하고 미발견 원소의 성질을 예측하여 화학의 발전을 촉진한 점, 또 하나는 나의 의도는 아니었지만, 원소의 주기율이 원자량이 아닌 다른 성질에 의해 나타날 수 있음을 시사한 점입니다.

그런데 바로 두 번째 다른 점인 원자량과 원소의 화학적 성질과의 관계를 의심하여 오늘날의 주기율표를 만드는 데 결정적인 기여를 한 사람이 있었으니, 바로 모즐리입니다. 그에 대해서는 다음 시간에 이야기하겠습니다.

## 만화로 본문 읽기

선생님의 주기율표는 어떤 특징을 가지고 있나요?

난 주기율을 따르되 원소의 화학적 성질에 충실해서 비슷한 성질을 가진 마땅한 원소가 없으면 그 자리를 물음표로 비워 놓았어요.

| 원소명 비교 | 에카-알루미늄 | Boisbaudran의 발견(1875년) 갈륨 |
|---|---|---|
| 원자량 | 68 | 69.6 |
| 비중 | 6.0 | 5.94 |
| 녹는점(℃) | 낮음 | 30 |
| 공기 속의 변화 | 안정 | 쉽게 산화되지 않음 |
| 화학반응 | 산, 알칼리에 용해 | 산, 알칼리에 용해, $H_2$ 발생 |
| 산화물 | $Ea_2O_3$ | $Ga_2O_3$ |
| 염화물 | $EaCl_3$ | $GaCl_3$ |

결론적으로 나의 주기율표를 통해 원소들의 성질을 주기율에 맞게 분류하고 미발견 원소의 성질을 예측해서 화학의 발전을 촉진하였답니다.

하나 더 있잖아요. 원소의 주기율이 원자량이 아닌 화학적 성질에 의해 나타날 수 있음을 시사한 점이요.

다섯 번째 수업

5

# 모즐리의 주기율표

모즐리는 파장과 원소 종류의 관계에 대해 연구했어요.
'모즐리의 법칙' 이란 무엇일까요? 또 모즐리는 어떤 업적을 세웠을까요?

5

다섯 번째 수업

# 모즐리의 주기율표

교.
과.
연.
계.

고등 화학 II 2. 물질의 구조

멘델레예프가
지난 시간에 배운 내용을 복습하며
다섯 번째 수업을 시작했다.

지난 수업 시간에는 내가 만든 주기율표의 2가지 특징에 대해 이야기했어요. 하나는 특정한 세로줄에 어울리는 성질을 가진 원소가 없으면 그 자리를 비워 놓고 앞으로 발견될 원소라고 예측한 것이고, 또 하나는 원소의 성질에 의한 배열과 원자량의 크기 순서에 의한 배열이 일치하지 않는 곳이 있다는 것을 알아낸 것이었지요.

그런데 영국의 모즐리는 나의 주기율표에서 원자량의 순서와 원소의 성질이 일치하지 않는 부분에 의심을 품었어요. 나는 그것이 내 잘못이 아니라 원자량이 잘못 측정되었을 것

이라고 주장했지요. 왜냐하면 그 당시에는 저울의 발달과 과학의 발달로 인해 원자량이 조금씩 수정되기도 했거든요. 그런데 모즐리는 원자량을 의심하지도, 주기율을 신봉한 나를 의심하지도 않고 뭔가 다른 이유가 있을 거라고 생각했던 거예요.

## 모즐리의 법칙

### 러더퍼드와 X선을 이용하여 연구한 모즐리

먼저 모즐리(Henry Moseley, 1887~1915)라는 과학자에 대해 좀 더 이야기를 해 보겠습니다.

그는 영국의 박물학자인 H.N.모즐리의 아들로, 옥스퍼드 대학교의 트리니티 칼리지를 졸업했어요. 1910년 맨체스터 대학교 강사로 있으면서 원자핵을 발견한 러더퍼드의 제자로 X선 연구를 했지요.

연구 초기에는 방사능 동위 원소인 라듐B 및 라듐C의 원자 1개가 붕괴할 때 방출되는 $\beta$ 입자의 평균 개수를 측정하는 실험을 했어요. 또한, 결정 구조를 X선 산란 실험으로 연구하던 라우에(Max von Laue, 1879~1960)의 영향을 받아, 친구

C.G.다윈과 협력하여 X선 산란 연구를 시작하게 되었어요. 그러다가 1913년, 특성 X선의 연구 결과에서 마침내 모즐리의 법칙을 발견하였지요.

X선 산란 연구란 X선관에서 발생하는 X선의 파장을 분석하는 연구를 말해요. X선을 발생시키기 위해서는 높은 에너지를 가진 열전자를 금속판에 쪼여 주면 돼요. 이렇게 방출되는 X선에는 2가지가 있는데 그중 하나는 연속 X선이에요.

뜨겁게 가열된 음극에서 발생되어 높은 전압에 의해 가속된 열전자가 양극 물질에 충돌하면 자신의 운동 에너지 일부를 잃어버려요. 이때 에너지 보존의 법칙에 따라 감소한 전자의 운동 에너지가 빛 에너지로 전환되어 나오지요. 가속 전압을 증가시켜 전자의 운동 에너지가 클수록 강한 에너지를 가진 짧은 파장의 X선이 나오게 되는 거예요.

또한 파장별 세기 분포는 한계 파장에 가까운 곳에 최댓값이 있고, 파장이 길어짐에 따라 그 세기는 약해져요. 연속 X선은 X선관에서 나오는 X선 에너지의 대부분을 차지하는 것으로서, 원자 번호가 큰 중금속을 사용할수록 발생 효율이 높아요.

### 여러 가지 물질의 특성 X선을 연구한 모즐리

모즐리는 중금속뿐만 아니라 여러 원소에 열전자를 쪼이며

그 결과로 나타나는 X선의 파장을 분석했어요. 정확히 말해 그가 연구한 것은 연속 X선이 아니라 특성 X선이라고 하는 거예요. 이것은 고유 X선이라고도 하지요. 이것은 연속 X선과는 발생 원리가 달라서 양극 대상 물질의 원자 내에 있는 전자가 가속된 열전자의 충격으로 교란되어 발생하는 거예요. X선관의 가속 전압이 어느 한도를 넘었을 때에 연속 X선에 겹쳐서 나타나지요. 또한 전압과는 관계없이 대상 물질로 사용한 원소에 따라 특유한 불연속의 파장을 가지는 몇 개의 무리로 나타나요.

모즐리는 이들 각 선의 파장이 양극으로 쓰이는 물질 원소의 종류에 따라 독특한 값을 나타낸다는 것을 발견했어요. 그래서 그는 파장과 원소의 종류 사이에는 어떤 관계가 있을지 연구하였답니다.

## 원자 번호를 발견한 모즐리

모즐리는 알루미늄에서 금에 이르기까지 여러 원소의 X선 스펙트럼을 측정하여 그 진동수의 제곱근이 주기율표에 원소가 나타나는 차례를 가리키는 정수 N과 직선 관계가 있다는 것을 발견했어요. 그는 이 정수 N이 단순한 차례가 아니라 원소 고유의 성질에 해당하는 수가 틀림없으며, 이것이야

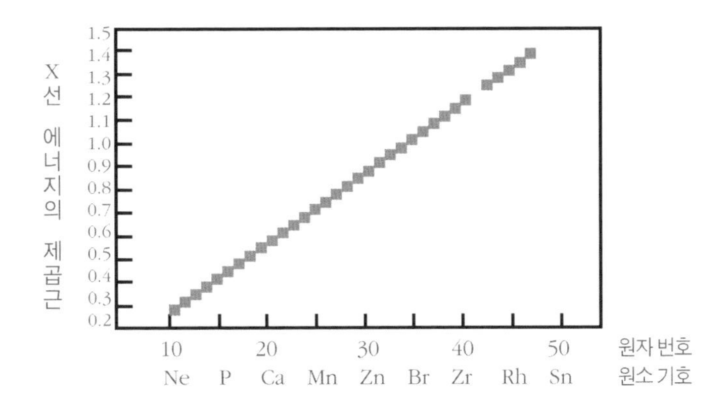


말로 그의 스승인 러더퍼드가 이미 발견한 핵이 띠고 있는 양전하의 크기라고 확신했어요. 그래서 그는 이 정수 N을 원소를 구별하는 원자 번호(Z)라고 생각했어요.

빛 에너지의 크기는 진동수에 비례하므로 X선 에너지의 제곱근은 진동수의 제곱근에 해당하지요. 위의 그래프에 나타난 것처럼 모즐리는 특정 원소의 특성 X선마다 에너지의 제곱근이 원자 번호에 비례한다는 것을 발견했는데, 이 법칙을 모즐리의 법칙이라고 해요. 빛의 파장과 진동수는 서로 반비례하므로 '특정 원소의 특성 X선 파장의 제곱근은 원자 번호에 반비례한다'고도 할 수 있어요.

## 원자 번호

### 무엇을 원자 번호라고 하나요?

여기서 원자 번호에 대한 이야기를 좀 해야 할 것 같아요. 오늘날 원자의 종류, 즉 원소가 110여 가지 정도가 된다고 하지요. 그래서 현대적 주기율표에는 원자 번호가 110까지 나타나 있어요. 물론 앞으로도 인공 원소가 더 만들어져 늘어날 가능성이 있습니다.

그러면 이 원자 번호는 무엇을 의미하는 것일까요? 학교에서 출석 번호를 정하려면 키 순서라든가, 이름의 가나다 순서라든가 하는 어떤 기준이 있잖아요. 마찬가지로 원자의 번호를 정하려면 뭔가 기준이 있어야 할 것 아니겠어요? 과학자들도 이런 생각을 했어요.

### 원자 번호가 될 수 없는 원자량 순서

전에도 말한 것처럼 나는 원자에 대해 아는 것이 그리 많지 않았기 때문에 처음에는 원자량을 기준으로 그 순서를 정했어요. 사실 원자량 순서와 원자 번호가 그리 많이 다르지는 않아요. 그러나 내가 주기율표를 만들 당시의 과학자들은 원자량 순서라는 말은 사용했어도 원자 번호에 대해서는 말하지 못했어요. 왜 그랬을까요? 그것은 원자량이 정수도 아니고 연속적이지도 않았기 때문이에요.

예를 들어, 현대적 주기율표의 가장 가벼운 원소부터 몇 가지를 원자 번호 순으로 나열하면 H, He, Li, Be, B, C, N, O, F, Ne,……인데, 이들의 원자량을 순서대로 나열하면 1, 4, 7, 9, 10.8, 12, 14, 16, 19, 20.1,……이지요. 만약에 여러분이라면 이와 같은 원자량을 보고 원자 번호를 정할 수 있겠어요? 나는 이렇게 띄엄띄엄 떨어져 있는 숫자(과학자들은 그것을 '불연속'이라고 한다)를 보고 '혹시나 아직 발견되지 않은 원소가 원자량 3을 가지고 있지는 않을까?'라는 생각을 했어요. 도대체 원자량이 왜 저런 값을 갖는지 이유도 모르던 시절이었으니까요.

그러면서도 원자량과 원소의 화학적 성질 사이에 틀림없이 어떤 관계가 있을 거라고 믿은 내가 용감했던 거지요. 물론 경험에 근거한 것이지만요. 하지만 여러분도 알아 두세요. 몇 번 똑같은 경험을 했다고 해서 항상 그렇지는 않다는 것을요. 과학에서는 이것을 귀납적 태도라고 하는데, 과거의 경험이 증거가 되어 때로는 도움이 되기도 하지만, 우리의 경험 폭이 그리 넓지 않기 때문에 편견에 빠질 수가 있어요. 이러한 태도는 항상 경계해야 해요.

다시 원자 번호 이야기로 돌아와 봅시다. 오늘날의 원자 번호는 원자핵 속에 들어 있는 양성자 수를 기준으로 한답니다. 양성자는 $+1.6\times10^{-19}$C를 띤 전하를 가진 알갱이예요. 그래서 양성자가 모여 있는 원자핵은 양전하를 띠고 원자의 종류를 결정하지요. 이것은 뒤에서 다시 이야기할 기회가 있을 거예요.

과학자의 비밀노트

**쿨롬(coulomb,C)**

전하량(어떤 물체 또는 입자가 띠고 있는 전기의 양)의 단위이다. 예를 들어, 전자 하나의 전하량은 $-1.602\times10^{-19}$C이다. 양성자 하나의 전하량은 전자 하나의 전하량과 크기는 같지만 부호는 반대이다. 따라서 양성자와 전자가 같은 개수로 이루어진 원자의 전하량은 결국 0C이다.

그러면 모즐리는 원자핵 속에 들어 있는 양성자를 세어서 원자 번호를 정했을까요? 아니에요. 불행히도 그 당시에는 모즐리의 스승인 러더퍼드가 원자핵의 존재는 발견했지만 아직 양성자가 발견되지 않았었어요. 또 설령 양성자의 존재가 알려졌다고 해도 그것이 몇 개인지 구슬을 세듯 셀 수는 없었답니다.

### 원자 속의 전자 수와 모즐리의 원자 번호 일치

그러면 모즐리는 어떻게 원자 번호를 확신하였을까요? 그것은 그의 실험 결과가 나타난 그래프가 말해 준답니다. 앞의 그래프에서 가로축인 원자 번호는 정수로 나타나는데 그 수가 연속이었습니다. 그리고 당시 발표된 보어의 원자 모형에서 힌트를 얻었어요.

보어의 모형에 의하면 중심에는 양전하를 띤 원자핵이 있고 그 주변에서는 음전하를 띤 전자들이 원운동을 해요. 그런데 원자는 전기를 띠지 않은 중성이어야 하므로 원자의 음전하량이 원자의 양전하량과 같아야 해요. 따라서 원자핵 바깥에 있는 전자의 수는 원자핵의 양전하량의 크기와 비례하며, 그 수는 자신의 원자 번호와 같다고 주장하였어요. 그는 결국 자신이 측정한 원자 번호가 원자 내의 전자 수와 일치함을 밝혀서 당당히 인정받았지요.

## 모즐리의 주기율표

### 원소의 화학적 성질을 결정하는 원자 번호

모즐리의 법칙은, 원소의 화학적 성격을 결정하는 것은 원

자량이 아니라 원자 번호, 즉 원자핵의 양전하임을 확실하게 보여 주는 증거였지요. 이 발견은 원자 물리학 발전에 결정적인 기여를 하였어요.

또한 원소의 정확한 원자 번호를 결정하게 되었고, 이를 바탕으로 주기율표 중에 아직 발견되지 않은 원소의 존재도 확인하게 되어 주기율표의 발전에도 아주 큰 기여를 했어요.

예컨대, 1923년에 발견된 72번 원소 하프늄(Hf)을 비롯하여 43번 테크네튬(Tc), 61번 프로메튬(Pm), 75번 레늄(Re)의 원자 번호를 가진 원소는 모두 모즐리의 법칙에 의해 발견되었어요.

### 원자 번호 순으로 완성한 현대적 주기율표

모즐리의 법칙을 통해 주기율을 나타내는 것은 원자량이 아니라 바로 원자 번호인 핵의 전하량이라는 것을 알게 되었지요.

오늘날 여러분이 사용하는 현대의 주기율표는 모즐리가 측정한 원자 번호 순으로 배열한 거예요. 그래서 오늘날의 주기율표를, 그가 직접 만든 것은 아니지만 모즐리의 주기율표라고도 하지요.

## 용감한 청년 모즐리

### 전쟁에서 죽어 노벨상을 못 탄 모즐리

여러분은 노벨상에 대해 잘 알고 있지요? 위대한 과학적 발견을 하거나 인류의 진보에 기여한 사람들에게 수여하는 노벨상이 살아 있는 사람에게만 수여된다는 것도 아나요? 그래서 위대한 발견, 뛰어난 이론을 발표하고도 노벨상을 아깝게 놓친 과학자들이 종종 있는데 모즐리가 바로 이런 경우예요.

양성자도 모르던 시절에 지금도 측정하기 힘든 핵 전하량의 원자 번호를 정확히 측정하여 원자의 정체를 밝히고, 미지의 원소 발견까지 가능하게 한 모즐리의 연구 성과는 정말로 대단한 업적이므로 노벨상을 타고도 남아요.

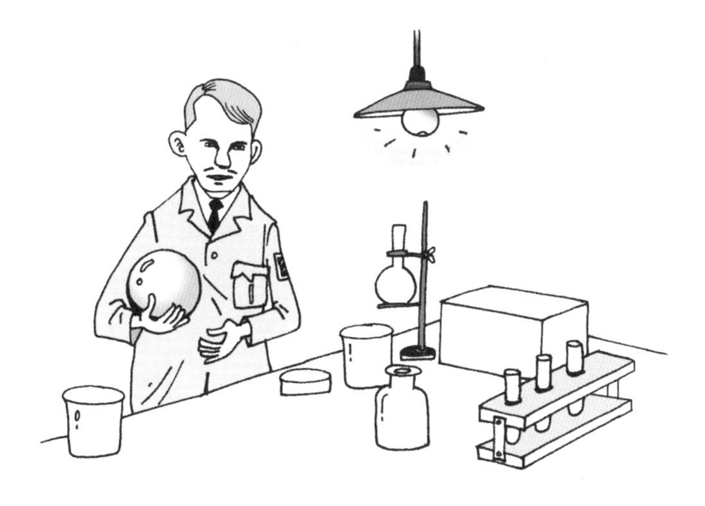

그러나 1차 세계 대전이 일어났을 때 모즐리는 자신의 조국인 영국 공병대에 지원해 통신 장교로 임명되었어요. 그의 스승을 비롯해서 많은 사람들이 그의 지원을 말렸지만 그의 정의감을 막을 수는 없었지요. 결국 모즐리는 스물일곱 살의 젊은 나이로 전사하고 말았어요. 어떤 과학자가 '모즐리라는 청년 과학자를 죽인 것만으로도, 이 전쟁은 역사를 통해서 가장 흉악하고 용서받기 어려운 죄악의 하나'라며 통탄했을 만큼 모즐리의 죽음은 과학계의, 아니 인류의 막대한 손실이었지요.

모즐리가 받지 못한 노벨상은 1924년에 시그반(Karl Manne Siegbahn, 1886~1978)이 받았어요. 모즐리가 연구하다 남긴 원소를 모즐리보다 정확하게 측정했다는 것이 수상의 이유였어요. 그러나 시그반은 전적으로 모즐리의 방법에 의존했기 때문에 새로운 업적을 낸 것이 아니었지요. 만약 모즐리가 2년만 더 살았다면 1917년에 노벨상을 받았을 거예요.

### 노벨상에 대한 몇 가지 편견

노벨상 얘기가 나왔으니 말인데 여러분은 내가 노벨상을 받았다고 생각하나요? 사실 나도 안타깝게 노벨상을 놓쳤어요. 내가 죽기 몇 달 전에 실시한 투표에서 딱 한 표 차이로

상을 못 타게 되었어요. 여성 과학자가 많이 나와야 한다는 등 진보적 주장을 한 것과 나의 이혼 경력 등이 문제가 되어서였어요.

내가 지적하고 싶은 것은 이처럼 과학적 업적과는 별도의 것들이 노벨상의 수상 여부를 좌우한다는 거예요. 또한 지금까지 주기율표에 대하여 이야기한 것에서 알 수 있는 것처럼, 과학이란 오직 한 사람의 힘으로 어떤 학설을 증명하거나 발견할 수는 없어요. 같이 연구를 하고도 특정한 사람만 상을 타서 알려지고, 나머지 사람은 역사 속으로 조용히 사라지기도 하지요.

나는 노벨상 뒤에 숨어 있는 과학자들의 숨은 공로를 여러분이 한번 생각해 보았으면 해요. 지금까지 상을 타서 유명해진 과학자들에게만 관심을 가졌다면, 앞으로는 모즐리의 경우처럼 위대한 업적을 세우고도 역사 속으로 사라진 과학자들에게 관심을 가졌으면 해요.

다음 시간에는 여러분이 사용하고 있는 주기율표가 가지는 의미에 대해서 이야기해 보겠습니다.

## 만화로 본문 읽기

어머, 사진 속의 잘생긴 저분은 누구예요?
걘 남자만 나오면 좋아해, 흥!
허허, 모즐리에 관심을 가져줘서 고맙군요. 모즐리는 현대의 주기율표를 완성한 과학자예요.

모즐리는 나의 주기율표에서 원자량의 순서와 원소의 성질이 일치하지 않는 부분에 의심을 품었답니다.
그래서 어떻게 되었나요?
원자량 순서
K > Ar > Ca
원소의 성질 순서
≠ Ar > K > Ca

나는 원자량이 잘못 측정된 것이라고 주장했는데, 모즐리는 다른 이유가 있을 거라고 생각했어요.
다른 무언가가 분명히 있을 거야.
그렇군요.

모즐리는 여러 원소의 X선 스펙트럼을 측정하여 그 진동수의 제곱근이 주기율표에 원소가 나타나는 차례를 가리키는 정수 N과 직선 관계가 있다는 것을 발견했지요.
대단한 발견이었겠군요.
X선 에너지의 제곱근
10 20 30 40 50
Ne P Ca Mn Zn Br Zr Rh Sn

그는 정수 N이 핵이 띠고 있는 양전하의 크기를 갖는 원소 고유의 성질에 해당한다고 확신하고, N을 원소를 구별하는 원자 번호(Z)라고 생각했어요.
그렇다면 원자 번호와 양성자의 수가 일치하겠군요?
줄 서서 번호를 받으라고
내가 먼저~
Fe
He
Li
B
Be
H

그렇지요. 이렇게 모즐리는 주기율을 나타내는 것은 원자량이 아니라 원자 번호임을 밝혀냈지요.
역시 잘생긴 사람은 똑똑하다니까~.
하여튼 못 말려~.

여섯 번째 수업 6

# 현대적 주기율표

현대적 주기율표는 누가 정리했을까요?
보어는 '원자의 전자 배치'를 기준으로 주기율표를 만들었습니다.

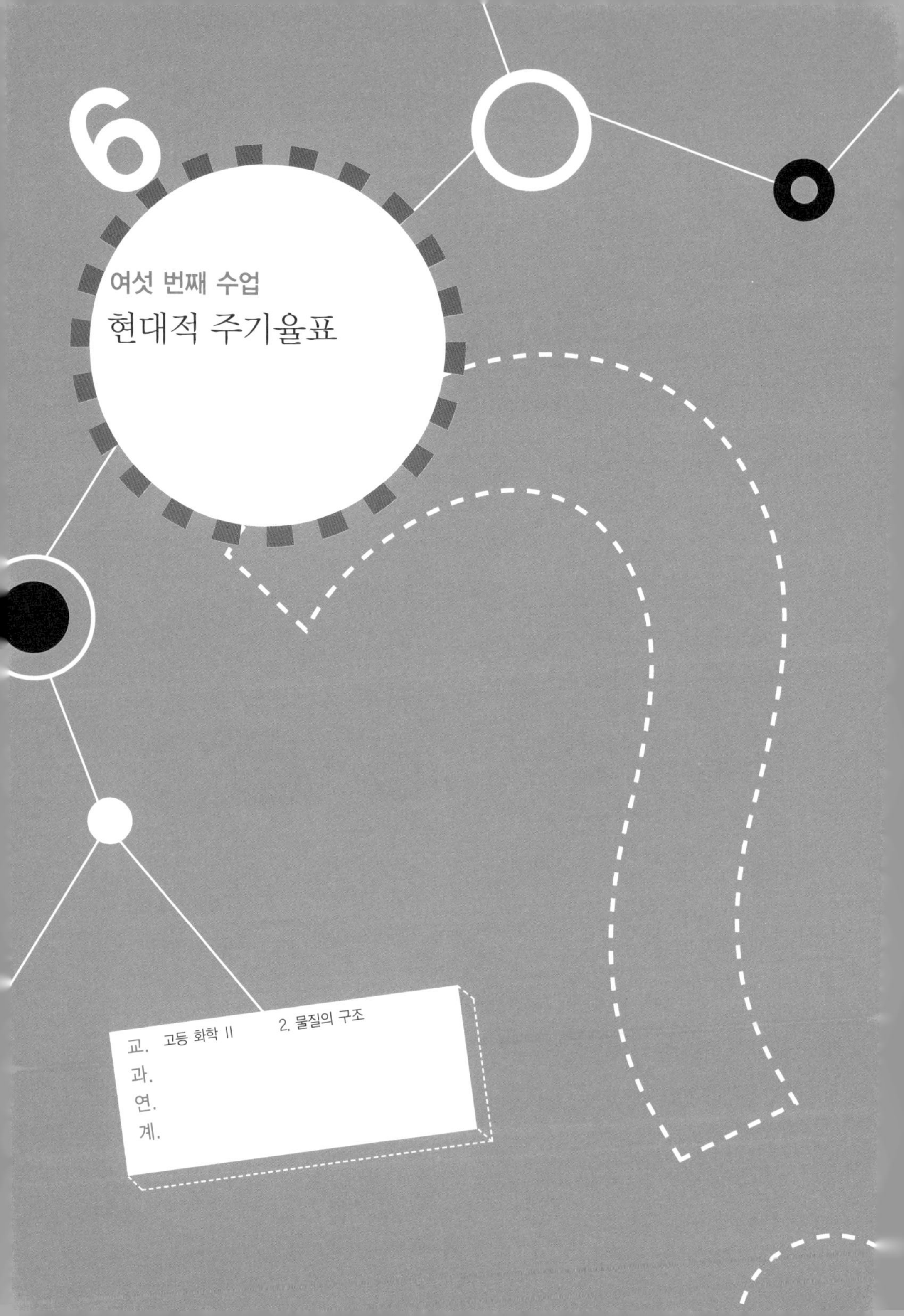

6

여섯 번째 수업

# 현대적 주기율표

교.
과.
연.
계.

고등 화학 II    2. 물질의 구조

멘델레예프가
커다란 주기율표를 보여 주면서
여섯 번째 수업을 시작했다.

## 현대적 주기율표를 제정하고 관리하는 IUPAC

주기율표를 이루는 원소의 이름과 기호, 그리고 주기율표의 모양은 IUPAC(국제순수 및 응용화학연맹)라고 하는 세계적인 화학 협회에서 결정을 해요.

2000년 11월에는 주기율표 제공 80주년 기념 행사를 하였답니다. 다음 페이지의 주기율표는 그때 기념으로 발행한 거예요. 여기에서는 발견 시기별로 원소들의 색깔을 다르게 표시하고 있지요.

| Time of Discovery | Before 1800 | 1800-1849 | 1850-1899 | 1900-1949 | 1950-1999 |
|---|---|---|---|---|---|

| 1 | 2 | 3 | 4 | 5 | 6 | 7 | 8 | 9 | 10 | 11 | 12 | 13 | 14 | 15 | 16 | 17 | 18 |
|---|---|---|---|---|---|---|---|---|---|---|---|---|---|---|---|---|---|
| 1 H | | | | | | | | | | | | | | | | | 2 He |
| 3 Li | 4 Be | | | | | | | | | | | 5 B | 6 C | 7 N | 8 O | 9 F | 10 Ne |
| 11 Na | 12 Mg | | | | | | | | | | | 13 Al | 14 Si | 15 P | 16 S | 17 Cl | 18 Ar |
| 19 K | 20 Ca | 21 Sc | 22 Ti | 23 V | 24 Cr | 25 Mn | 26 Fe | 27 Co | 28 Ni | 29 Cu | 30 Zn | 31 Ga | 32 Ge | 33 As | 34 Se | 35 Br | 36 Kr |
| 37 Rb | 38 Sr | 39 Y | 40 Zr | 41 Nb | 42 Mo | 43 Tc | 44 Ru | 45 Rh | 46 Pd | 47 Ag | 48 Cd | 49 In | 50 Sn | 51 Sb | 52 Te | 53 I | 54 Xe |
| 55 Cs | 56 Ba | 57-71 | 72 Hf | 73 Ta | 74 W | 75 Re | 76 Os | 77 Ir | 78 Pt | 79 Au | 80 Hg | 81 Tl | 82 Pb | 83 Bi | 84 Po | 85 At | 86 Rn |
| 87 Fr | 88 Ra | 89-103 | 104 Rf | 105 Db | 106 Sg | 107 Bh | 108 Hs | 109 Mt | 110 Ds | 111 Rg | | | | | | | |
| | | | 57 La | 58 Ce | 59 Pr | 60 Nd | 61 Pm | 62 Sm | 63 Eu | 64 Gd | 65 Tb | 66 Dy | 67 Ho | 68 Er | 69 Tm | 70 Yb | 71 Lu |
| | | | 89 Ac | 90 Th | 91 Pa | 92 U | 93 Np | 94 Pu | 95 Am | 96 Cm | 97 Bk | 98 Cf | 99 Es | 100 Fm | 101 Md | 102 No | 103 Lr |

IUPAC 주기율표 발행 80주년 주기율표(2000년)

여기서도 알 수 있는 것처럼 오늘날의 주기율표는 하루아침에 완성된 것이 아니라 오랜 시간에 걸쳐 원소의 발견, 원자 구조의 발견, 그리고 정확한 원자량의 측정에 의해 계속 발전해 왔어요. 그러한 일을 주관해서 진행하는 곳이 세계적으로는 IUPAC이고, 여러분의 나라에서는 대한화학회이지요.

## 멘델레예프 이후의 주기율표 모양의 변화

### 주기율표 모양의 변화

1869년에 발표한 나의 주기율표는 오늘날의 주기율표보다 세로줄이 1개 부족한 17개의 세로줄로 구성되어 있었어요. 칼륨부터 브롬, 루비듐에서 요오드까지의 두 가로줄은 거의 채워져 있었어요. 그 앞줄에는 각각 7개의 원소(리튬에서 플루오르, 나트륨에서 염소)에 의해 부분적으로 채워진 2개의 가로줄이 있고, 그 뒷줄에는 미완성인 3개의 가로줄이 있었어요.

나는 1871년에 17족 주기율표를 개정하여 아래의 표처럼 8개의 세로줄로 이루어진 주기율표도 제안했어요. 이것은 예전의 길었던 표를 가로줄과 세로줄을 바꾸고 짧게 만든 것이

| 주기 \ 족 | Ⅰ | Ⅱ | Ⅲ | Ⅳ | Ⅴ | Ⅵ | Ⅶ | Ⅷ |
|---|---|---|---|---|---|---|---|---|
| 산화물의 화학식 | $R_2O$ | $RO$ | $R_2O_3$ | $RO_2$ | $R_2O_5$ | $RO_3$ | $R_2O_7$ | $RO_4$ |
| 1 | H | | | | | | | |
| 2 | Li | Be | B | C | N | O | F | |
| 3 | Na | Mg | Al | Si | P | S | Cl | |
| 4 | K | Ca | – | Ti | V | Cr | Mn | Fe, Co, Ni |
| 5 | Cu | Zn | – | – | As | Se | Br | Ru, Rh, Pd |
| 6 | Ag | Cd | In | Sn | Sb | Te | I | |
| 7 | Cs | Ba | | | | | | |

었어요.

I족부터 VII족까지에는 이전에 7개의 원소로 된 2개의 가로줄을 놓고(2, 3주기), VIII번째 세로줄에는 중간의 세 원소(예를 들어 철, 코발트, 니켈 등)를 놓고, 다시 7개의 원소로 5, 6주기를 구성하였어요. 이 두 주기는 나중에 족의 기호인 로마 숫자 뒤에 a와 b를 붙여 구별했어요.

1894년과 1895년에 레일리(John Rayleigh, 1842~1919)와 램지(William Ramsay, 1852~1916)가 비활성 기체인 헬륨, 네온, 아르곤, 크립톤, 크세논, 라돈을 발견하면서 나와 여러 사람들은 이들을 주기율표에 추가시키기 위해 새로운 0족을 제안했어요. 그래서 0, Ⅰ, Ⅱ……, Ⅷ족으로 된 단주기형 주기율표가 일반화되었으며, 이는 1930년경까지 널리 쓰였지요.

## 희토류 원소의 발견과 주기율표의 변천

희토류(rare earth) 원소란 오늘날 란탄족 원소라고 하는 것으로 원소의 주기율표에서 3족에 속하는 원소예요. 원자 번호 57번인 란탄(La)으로부터 71번인 루테튬(Lu)까지의 15원소에 스칸듐(Sc)과 이트륨(Y)을 더한 17원소들의 무리를 일컫는 말이지요.

희토류 원소는 그 이름처럼 그렇게 드물게 존재하는 것은 아닙니다. 희토류 원소 중 가장 많이 존재하는 세륨(Ce)은 지각에 주석(Sn)보다 많이 존재하며, 가장 적은 툴륨(Tm)이나 루테튬도 은(Ag)보다 많이 존재해요. 그런데 이런 이름이 붙여진 것은 이들 원소들의 화학적 성질이 매우 비슷하여 개개 원소로 분리하기 어려웠기 때문일 거예요. 다른 원소들에 비하여 이들 원소의 발견이 퍽 늦었던 것도 분리가 쉽지 않았기 때문이지요.

주기율표상에 희토류 원소들을 어떻게 배열할 것인가에 대해서 과학자들은 많은 고민과 노력을 하였어요. 우선 1882년, 베일리(T. Bayley)는 희토류를 다른 원소와 독립적 위치에 둔 체계를 제안했어요. 그의 체계에서는 처음 7개 원소는 다음 7개 원소와 연결되고, 그 다음의 이중선은 2개의 장주기와 하나의 단주기의 주족과 아족에 연결되었으나 만족스럽지 못했어요.

이와 비슷한 구조를 1892년에 바세트(H. Bassett)도 제안했어요.

1920년, 소디(Frederick Soddy, 1877~1956), 노더(C.R. Nodder), 로링(F.H. Loring) 등은 각각 희토류 원소를 표시하기 위하여 나름대로 원통형, 원형, 계단형 등의 주기율표를

제작하기도 했어요.

### 여러 가지 모양의 주기율표

1926년에 안트로포프(Andreas von Antropoff)는 비활성 기체 원소를 주기율표의 좌우 끝에 두고, 수소를 중심에 배치하며, 희토류 원소는 따로 배치하는 주기율표를 발표했어요.

| O | I | | | | | | | II |
|---|---|---|---|---|---|---|---|---|
| | $_{1}$H | | | | | | | $_{2}$He |
| O | I | II | III | IV | V | VI | VII | VIII |
| $_{2}$He | $_{3}$Li | $_{4}$Be | $_{5}$B | $_{6}$C | $_{7}$N | $_{8}$O | $_{9}$F | $_{10}$Ne |
| $_{10}$Ne | $_{11}$Na | $_{12}$Mg | $_{13}$Al | $_{14}$Si | $_{15}$P | $_{16}$S | $_{17}$Cl | $_{18}$Ar |

| O | Ia | IIa | IIIa | IVa | Va | VIa | VIa | VIIIa | | | Ib | IIb | IIIb | IVb | Vb | VIb | VIIb | VIIIb |
|---|---|---|---|---|---|---|---|---|---|---|---|---|---|---|---|---|---|---|
| $_{18}$Ar | $_{19}$K | $_{20}$Ca | $_{21}$Sc | $_{22}$Ti | $_{23}$V | $_{24}$Cr | $_{25}$Mn | $_{26}$Fe | $_{27}$Co | $_{28}$Ni | $_{29}$Cu | $_{30}$Zn | $_{31}$Ga | $_{32}$Ge | $_{33}$As | $_{34}$Se | $_{35}$Br | $_{36}$Kr |
| $_{36}$Kr | $_{37}$Rb | $_{38}$Sr | $_{39}$Y | $_{40}$Zr | $_{41}$Nb | $_{42}$Mo | $_{43}$Tc | $_{44}$Ru | $_{45}$Rh | $_{46}$Pd | $_{47}$Ag | $_{48}$Cd | $_{49}$In | $_{50}$Sn | $_{51}$Sb | $_{52}$Te | $_{53}$I | $_{54}$Xe |
| $_{54}$Xe | $_{55}$Cs | $_{56}$Ba | $^{57}_{71}$La | $_{72}$Hf | $_{73}$Ta | $_{74}$W | $_{75}$Re | $_{76}$Ds | $_{77}$Ir | $_{78}$Pt | $_{79}$Au | $_{80}$Hg | $_{81}$Tl | $_{82}$Pb | $_{83}$Bi | $_{84}$Po | $_{85}$At | $_{86}$Em |
| $_{86}$Em | $_{87}$Fr | $_{88}$Ra | $_{89}$Ac | $_{90}$Th | $_{91}$Pa | $_{92}$U | | | | | | | | | | | | |
| 0 | 1 | 2 | 3 | 4 | 5 | 6 | 7 | 8 | 9 | 10 | 11 | 12 | 13 | 14 | 15 | 16 | 17 | 18 |

| $_{58}$Ce | $_{59}$Pr | $_{60}$Nd | $_{61}$Pn | $_{62}$Sm | $_{63}$Eu | $_{64}$Gd | $_{65}$Tb | $_{66}$Dy | $_{67}$Ho | $_{68}$Er | $_{69}$Tu | $_{70}$Yb | $_{71}$Cp | Seitene Erdmetalle |
|---|---|---|---|---|---|---|---|---|---|---|---|---|---|---|

안트로포프의 주기율표(1926년)

에머슨(E.I. Emerson)은 1944년에 하나의 소용돌이 모양의 주기율표를 만들었어요. 그는 여기서 베릴륨과 마그네슘을

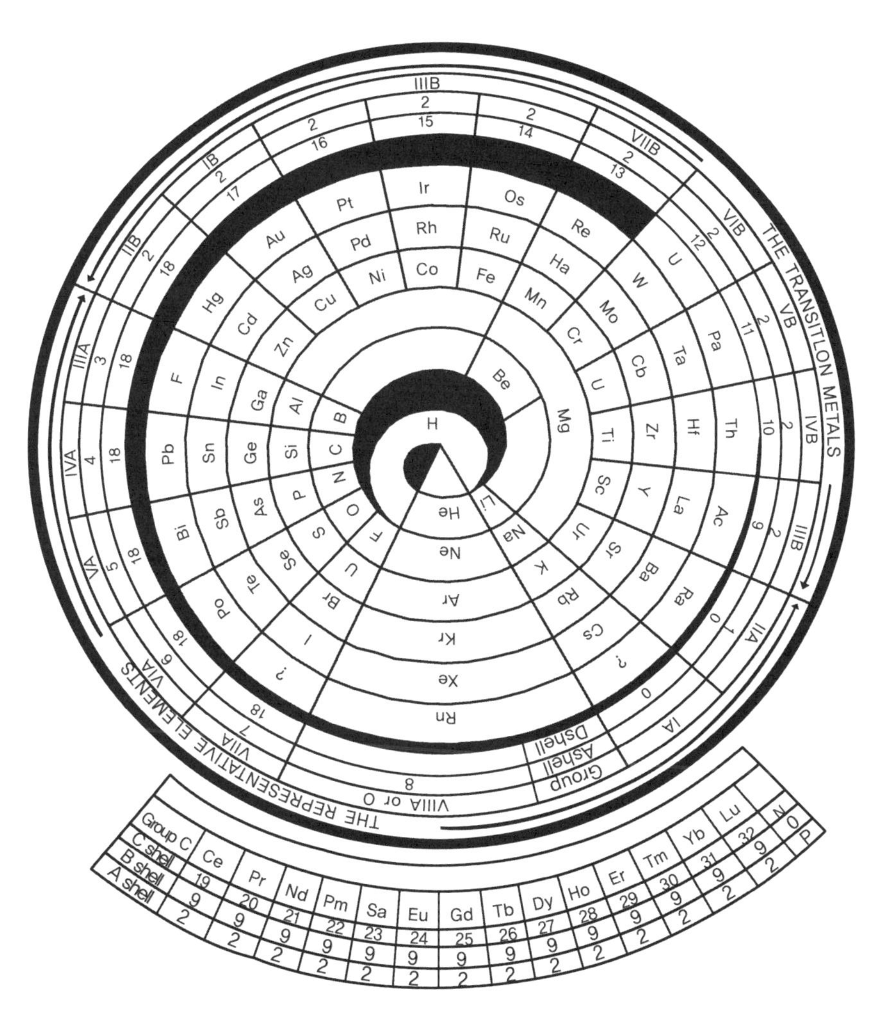

에머슨의 주기율표(1944년)

특별히 취급하였고, 수소는 알칼리 금속과 할로겐 원소 양쪽 모두에 포함시켰지요. 그는 비활성 기체는 각 주기의 원형이라고 생각하고 그 면적을 3배로 크게 하였으며, 희토류 원소는 별도로 배치했어요.

1849년, 스웨덴의 셸레(Karl Wilhelm Scheele, 1742~1786)는 안트로포프의 체계를 수정한 새로운 주기율표를 발표하였어요. 여기서는 제1주기에 수소와 헬륨을, 제2, 3주기에는 18개 원소를, 제4, 5주기에는 아르곤에서 브롬까지, 크립톤에서 요오드까지의 18개 원소를 배치했어요. 그리고 주족을 a, 아족을 b로 표시했어요.

| | | | | H | | | | |
|---|---|---|---|---|---|---|---|---|
| 0 | I | II | III | IV | V | VI | VII | VIII |
| He | Li | Be | B | C | N | O | F | Ne |
| Ne | Na | Mg | Al | Si | P | S | Cl | Ar |

| Ar | K | Ca | Sc | Ti | V | Cr | Mn | Fe | Co | Ni | Cu | Zn | Ga | Ge | As | Se | Br | Kr |
|---|---|---|---|---|---|---|---|---|---|---|---|---|---|---|---|---|---|---|
| Kr | Rb | Sr | Y | Zr | Nb | Mo | Tc | Ru | Rh | Pd | Ag | Cd | In | Sn | Sb | Te | I | Xe |

| Xe | Cs | Ba | La | Ce | Nd | Pr | - | Sm | Eu | Gd | Tb | Dy | He | Er | Tm | Yb | Lu | Hf | Ta | W | Re | Os | Ir | Pt | Au | Hg | Tl | Pb | Bi | Po | At | Rn |
|---|---|---|---|---|---|---|---|---|---|---|---|---|---|---|---|---|---|---|---|---|---|---|---|---|---|---|---|---|---|---|---|---|
| Em | Fr | Ra | Ac | Th | Pa | U | Np | Pu | Am | Gm | | | | | | | | | | | | | | | | | | | | | | |

셸레의 주기율표(1949년)

## 현대적 주기율표의 등장

이처럼 주기율표는 많은 변천의 역사를 가지고 있어요. 그런데 오늘날 여러분이 사용하는 주기율표는 1922년, 원자의 전자 배치를 밝힌 보어(Niels Bohr, 1885~1962)에 의해 발표된 것과 가장 비슷해요. 보어는 원자의 전자 배치를 기준으로 주기율표를 만들었어요. 그래서 비활성 기체를 기준으로 주기가 점차 길어지는 형태를 띠고 있어요.

1주기에는 수소와 헬륨의 2개 원소로 구성되어 있고, 8개의 원소로 된 2, 3주기의 두 주기가 따라와요. 그 뒤에는 18개의 원소로 된 4, 5주기, 32개의 원소로 된 6주기가 있으며, 마지막으로 미완성의 7주기가 있지요.

그런데 각 주기의 원소는 다음 주기에 있는 하나 또는 그 이상의 원소와 연결선으로 이어져 있었어요. 그래서 세로줄에 있는 원소들의 성질이 뚜렷하지가 않았어요. 그리고 이 주기율표의 최대 단점은 32개의 원소로 된 주기를 나타내야 하기 때문에 공간이 많이 필요하다는 거예요. 이런 단점들을 보완하기 위해 14개의 란탄족 원소와 14개의 악티늄족 원소를 생략하여 32개의 원소로 된 주기를 18열로 줄이고, 이들은 주기율표 아래쪽에 따로 2행을 만들어 나열한 오늘날의 주기율표가 등장했지요.

그 뒤로는 족의 번호를 로마 숫자와 a, b로 나타내던 것이 단순한 아라비아 숫자로 바뀌면서 차츰 오늘날의 표준 주기율표의 모양을 가지게 되었답니다.

## 원자의 구조와 전자 배치

현대의 주기율표는 원자의 전자 배치에 근거했다고 앞에서 이야기했는데, 도대체 원자의 무엇이 달라서 각 원소의 원자들이 구별되는 것일까요? 이 질문은 앞에서 이미 제기했던 것이지만 과학자들조차 쉽게 풀지 못했던 것이지요.

처음에는 그것이 원자량이라고 하는 원자의 상대적 질량 때문이라고 생각했어요. 그런데 원자의 화학적 성질은 원자량이 아니라 원자 번호라고 하는 원자핵의 전하량에 따라 달라진다는 것을 알았어요.

### 3가지 입자로 이루어진 원자 형제들

지금부터는 1950년대 이후에 확실하게 자리 잡은 원자 구조 모형에 대해 간단하게 정리하도록 하지요. 원소가 100여 가지나 된다고 하면 원자도 굉장히 복잡할 것 같지만 사실은

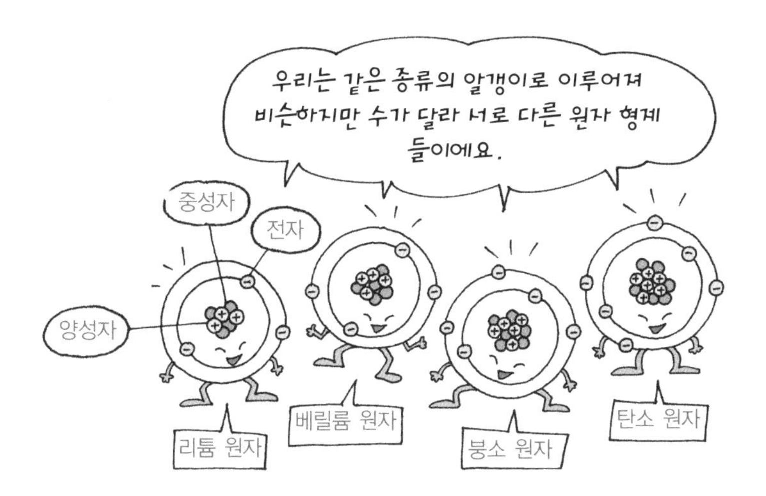


매우 간단하답니다. 원자는 양성자, 중성자, 전자라고 불리는 3종류의 입자들로 구성되어 있어요.

양성자는 양전하를 띤 질량을 가진 입자이고, 중성자는 양성자와 질량은 비슷하지만 전하를 띠지 않았어요. 그리고 전자는 매우 가볍고 음전하를 띤 입자이지요. 원자의 종류에 따라 이 3가지 입자들의 수가 달라지는 것이죠. 그래서 이들은 모두 다르면서도 모두 비슷하답니다.

마치 한집안의 형제들 같아요. 참 놀라운 과학의 단순화 내지 종합화이지요. 하지만 알고 보면 당연한 결과예요. 빅뱅 이후 수소 원자의 핵융합 반응에 의해 여러 종류의 원자들이 만들어졌으니까요.

### 원자핵 속의 양성자 수와 중성자 수를 합친 질량수

원자는 크게 두 부분으로 나뉘어요. 중심에 자리 잡고 있는 원자핵과 그 주변을 빠르게 운동하는 각각의 전자들이 그것이지요. 원자핵은 양성자와 중성자로 이루어져 무겁고, 양전하를 띠고 있어요. 양성자와 중성자의 질량은 거의 같고, 전자 질량의 약 1,836배 정도로 무거워요. 그래서 한 원자가 가진 전자를 모두 다 합쳐도 양성자 1개의 질량이 되지 않으므로 원자의 질량을 이야기할 때 전자는 무시하지요.

1개의 원자가 가진 양성자 수와 중성자 수를 합친 것을 질량수라고 해요. 질량수는 언제나 정수인데 그것은 양성자나 중성자가 기본 단위 입자이기 때문에 정수배로만 존재하지요. 그리고 질량수가 얼마인가를 알면 원자들의 질량비를 알 수 있어요. 원자들의 질량수는 원자량과 매우 비슷해요.

| 구성 입자 | | 실제 질량(kg) | 상대적 질량 | 실제 전하(C) | 상대적 전하 | 관련 특성 |
|---|---|---|---|---|---|---|
| 원자핵 | 양성자 | $1.673 \times 10^{-27}$ | 1836 | $+1.6 \times 10^{-19}$ | +1(+e) | 원자 번호 |
| | 중성자 | $1.675 \times 10^{-27}$ | 1838 | 0 | 0 | 원자량, 동위 원소 |
| 전자 | | $9.107 \times 10^{-31}$ | 1 | $-1.6 \times 10^{-19}$ | −1(−e) | 화학적 성질 |

### 원자의 성질을 좌우하는 양성자 수는 원자 번호

원자에서 가장 중요한 값이 원자 번호인데 이것은 원자핵 속에 포함된 양성자 수를 의미하지요. 양성자는 질량과 더불어 $+1.6 \times 10^{-19}$C라는 전하를 띠고 있는 것이 특징이에요. 그래서 양성자가 여러 개 모인 원자핵은 이 수의 정수배에 해당하는 양전하를 띠게 되는 거지요.

같은 양전하를 띤 양성자들이 흩어지지 않고 붙어 있을 수 있는 것은 중성자에 의해 핵력이 작용하기 때문이에요. 핵력은 전자기력보다 힘이 강하답니다.

원자의 화학 결합은 원자핵의 양전하와 전자의 음전하 사이의 정전기적 인력에 의한 현상이므로 원자핵의 전하량은 원자의 화학적 성질을 결정하는 가장 중요한 요소예요. 그러므로 원소의 화학적 주기성을 나타내는 주기율표는 원자 번호 순으로 배열하는 것이 당연한 거지요.

### 원자 번호는 같지만 질량수가 다른 동위 원소

어떤 원자들은 양성자 수, 전자 수는 같은데 중성자 수가 달라요. 즉 원자 번호는 같은데 질량수가 다르지요. 그러면 원소의 화학적 성질은 거의 같아 주기율표의 같은 자리를 차지하지만 원자량은 약간 다르지요. 마치 일란성 쌍둥이인데 몸무게가 다른 형제처럼 화학적 성질은 같지만 원자량이 다른 원소를 바로 동위 원소라고 합니다.

자연에는 무수히 많은 동위 원소들이 골고루 섞여 있어요.

그래서 우리가 주기율표에서 보는 원자량은 여러 가지 동위원소의 원자량을 평균한 값이랍니다.

### 음전하를 띤 전자들은 핵의 둘레를 빠르게 운동해요

전자는 $-1.6\times10^{-19}$C라는 전하를 띠고 있어요. 이 값은 양성자의 전하량과 크기는 같고 부호만 반대이지요. 그러므로 원자가 전기를 띠지 않는 중성이 되기 위해서는 양성자 수와 전자 수가 같아야 해요. 이 말은 원자 번호가 11번인 나트륨 원자는 전자를 11개 가지고 있다는 뜻이지요.

그렇지만 전자는 양성자들처럼 뭉쳐 있는 것이 아니라 각각 독립적으로 존재하고, 음전하를 띠고 있으므로 양전하를 띤 핵에 끌려가 흡수되지 않으려면 빠른 속도로 운동을 해야 하지요. 이 전자들의 위치와 운동 속도는 불확정성의 원리에 따라 정확히 알 수 없으므로 확률 분포로 나타내는데, 이것을 오비탈이라고 해요.

### 핵으로부터 멀어질수록 커지는 전자 껍질

전자는 원자핵으로부터의 거리에 따른 확률 분포가 몇 개의 봉우리처럼 나타나요. 이러한 분포가 마치 양파 껍질 같다고 해서 확률 분포가 큰 곳의 위치를 전자 껍질이라고 합니다.

전자 껍질을 번호와 기호로 나타내기도 하는데, 번호는 주양자수라고 하며 핵에서 가까운 전자 껍질부터 'n=1, 2, 3, 4,……'라고 하고, 기호로는 'K, L, M, N,……'이라고 하지요. 각 껍질은 핵에서 멀어질수록 높은 위치 에너지를 가져요. 그리고 각 전자 껍질은 자신의 크기에 맞게 여러 개의 전자를 가지고 있는데 주양자수가 n인 전자 껍질이 가진 전자의 수는 $2n^2$이에요. 이것은 공의 반지름이 r일 때 그 표면적인 $4\pi r^2$의

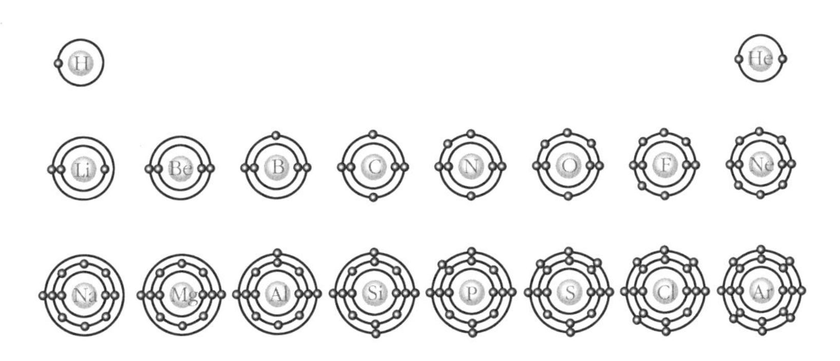

관계를 가지는 것과 비슷해요. 그러므로 핵으로부터 멀리 있는 껍질일수록 크기가 커져 여러 개의 전자를 가질 수 있어요.

### 오비탈 — 전자 껍질에서 전자가 사는 크기가 다른 여러 개의 집

전자는 각 전자 껍질에 그냥 들어가는 것이 아니라 오비탈이라고 하는 몇 종류의 집이 있어서 그곳에 주로 분포해요. 오비탈은 모양에 따라 s, p, d, f로 나타냅니다. 전자 껍질이 아파트의 층이라면 오비탈은 각 층의 호에 해당해요. 그러니까 오비탈은 전자들의 집이라고 할 수 있어요.

그런데 각 호마다 크기가 달라서 방의 수가 다르답니다. s호는 방 1칸, p호는 방 3칸, d호는 방 5칸, f호는 방 7칸으로 이루어져 있어요. 더 정확히 말하면 이 방 1칸 1칸을 오비탈이라고 하는 것입니다.

오비탈은 수소를 제외한 원자들에서 s<p<d<f로 갈수록

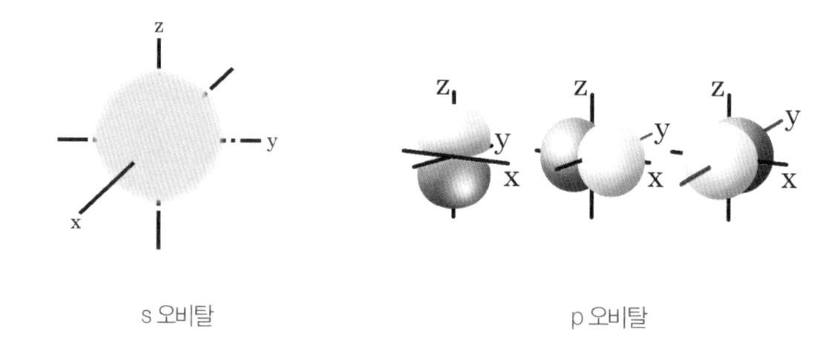


s 오비탈

p 오비탈

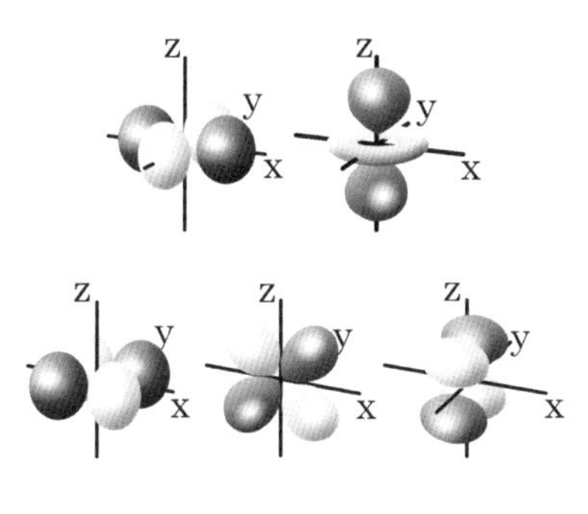


d 오비탈

에너지가 높은 상태가 돼요. 주양자수가 n인 1개의 전자 껍질이 가질 수 있는 오비탈의 수는 $n^2$이지요. 즉 커다란 전자 껍질일수록 더 많은 오비탈을 가지고 있어요.

### 전자 배치는 전자들의 집 장만

1개의 원자가 여러 개의 전자를 가지고 있을 때, 전자가 어느 전자 껍질, 어느 오비탈에 분포하는지를 나타낸 것을 전자 배치라고 하는데, 마치 어른들이 집 장만하는 방법과 비슷해요.

아파트는 층이 높을수록 햇빛도 잘 들어오고 전망이 좋아서 집값이 비싸요. 그리고 방이 여러 개인 넓은 집일수록 비싸지요. 형편이 넉넉하면 아무것이나 고를 수 있지만 그렇지 못하면 층을 포기하고 넓은 집을 선택하거나 층이 높으면 좁

은 집으로 적절히 선택해야 하겠지요.

전자의 형편은 에너지랍니다. 에너지가 높은 전자는 높은 전자 껍질의 방이 여러 개인 오비탈에 살지요. 보통의 원자는 가장 에너지가 낮은 상태로 존재하는데 이것을 바닥 상태라고 해요. 바닥 상태가 되기 위해서는 전자를 에너지 준위가 낮은 전자 껍질부터 차곡차곡 오비탈을 채워야 해요. 그리고 한 방에는 두 형제가 같이 살아야 하고요. 셋은 너무 많아서 안 돼요. 만약에 방이 남으면 싸우지 않게 따로따로 방을 주어야겠지요?

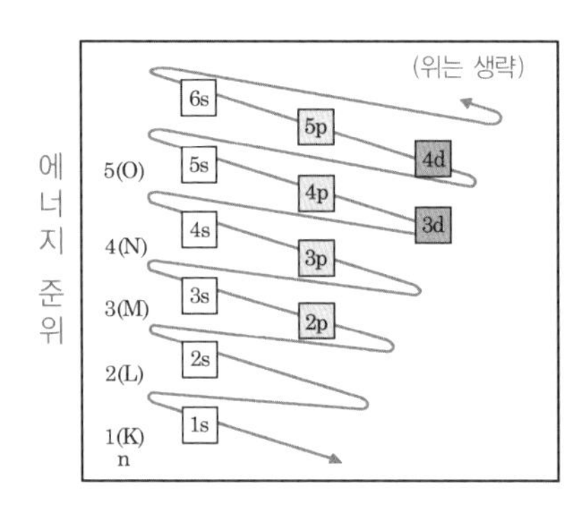

- 전자는 에너지 준위가 낮은 전자 껍질부터 차곡차곡 쌓는다.
- 전자는 에너지 준위가 낮은 오비탈부터 차곡차곡 채운다.

⇨ 축조 원리

- 각 오비탈에 들어가는 전자들은 되도록 서로 다른 방을 차지하려고 한다. ⇨ 훈트의 규칙

| 원자 번호 | 원소 기호 | 오비탈 | | | | | | | 문자로 표시한 전자 배치 |
|---|---|---|---|---|---|---|---|---|---|
| | | 1s | 2s | 2p | 3s | 3p | 3d | 4s | |
| 1 | H | [•] | | | | | | | $1s^1$ |
| 2 | He | [••] | | | | | | | $1s^2$ |
| 3 | Li | [••] | [•] | | | | | | $1s^2 2s^1$ |
| 4 | Be | [••] | [••] | | | | | | $1s^2 2s^2$ |
| 5 | B | [••] | [••] | [•][ ][ ] | | | | | $1s^2 2s^2 2p^1$ |
| 6 | C | [••] | [••] | [•][•][ ] | | | | | $1s^2 2s^2 2p^2$ |
| 7 | N | [••] | [••] | [•][•][•] | | | | | $1s^2 2s^2 2p^3$ |
| 8 | O | [••] | [••] | [••][•][•] | | | | | $1s^2 2s^2 2p^4$ |
| 9 | F | [••] | [••] | [••][••][•] | | | | | $1s^2 2s^2 2p^5$ |
| 10 | Ne | [••] | [••] | [••][••][••] | | | | | $1s^2 2s^2 2p^6$ |
| 11 | Na | [••] | [••] | [••][••][••] | [•] | | | | $1s^2 2s^2 2p^6 3s^1$ |
| 12 | Mg | [••] | [••] | [••][••][••] | [••] | | | | $1s^2 2s^2 2p^6 3s^2$ |
| 13 | Al | [••] | [••] | [••][••][••] | [••] | [•][ ][ ] | | | $1s^2 2s^2 2p^6 3s^2 3p^1$ |
| 14 | Si | [••] | [••] | [••][••][••] | [••] | [•][•][ ] | | | $1s^2 2s^2 2p^6 3s^2 3p^2$ |
| 15 | P | [••] | [••] | [••][••][••] | [••] | [•][•][•] | | | $1s^2 2s^2 2p^6 3s^2 3p^3$ |
| 16 | S | [••] | [••] | [••][••][••] | [••] | [••][•][•] | | | $1s^2 2s^2 2p^6 3s^2 3p^4$ |
| 17 | Cl | [••] | [••] | [••][••][••] | [••] | [••][••][•] | | | $1s^2 2s^2 2p^6 3s^2 3p^5$ |
| 18 | Ar | [••] | [••] | [••][••][••] | [••] | [••][••][••] | | | $1s^2 2s^2 2p^6 3s^2 3p^6$ |
| 19 | K | [••] | [••] | [••][••][••] | [••] | [••][••][••] | | [•] | $1s^2 2s^2 2p^6 3s^2 3p^6 4s^1$ |
| 20 | Ca | [••] | [••] | [••][••][••] | [••] | [••][••][••] | | [••] | $1s^2 2s^2 2p^6 3s^2 3p^6 4s^2$ |
| 전자 껍질 | | K | L | | M | | | N | |

• 각 오비탈의 방에는 전자가 최대로 2개까지만 들어갈 수 있다.

⇨ 파울리의 배타 원리

이러한 원칙으로 여러 원자들의 전자 배치를 하면 위의 표와 같은 모양이 돼요. 예를 들어, 어떤 전자의 위치가 $3s^1$이라

고 표시된 것은 3층 s호에 혼자서 산다는 뜻이에요.

이 이야기들이 어렵게 들릴 수도 있어요. 그러나 주기율표를 이해하기 위해서는 반드시 알아야 하는 내용이에요. 자, 그럼 지루한 원자 구조 이야기는 그만 하고 다음 시간에는 본격적으로 주기율표로 넘어가 볼까요?

# 만화로 본문 읽기

선생님, 오늘날 우리가 사용하는 주기율표는 언제, 어떻게 만들어졌나요?

현재 사용되는 주기율표는 1992년에 보어가 원자의 전자 배치를 기준으로 만든 주기율표와 가장 비슷해요.

전자 배치요?

전자 배치는 원자의 에너지가 가장 안정적인 상태가 되도록 전자들이 오비탈에 분포하는 방식이에요.

그럼, 원자의 화학적 성질을 결정하는 최외각 전자의 분포에 따라 주기율표를 만들었으니 가장 합리적이겠군요?

H의 전자 배치 : $1S^1$

He의 전자 배치 : $1S^2$

Li의 전자 배치 : $1S^2$ $2S^1$

그렇지만 보어의 주기율표에도 단점이 있어요. 32개의 원소로 된 주기를 나타내는 경우에는 공간이 많이 필요하다는 거죠.

한 줄에 32개의 원소나 나타내야 한다니 정말 공간이 많이 필요하겠군요.

우리 모두 한줄에 서야 해!

아이, 좁아….

좀더 빽빽하게 서 봐!

그래서 각각 14개의 란탄족 원소들과 악티늄족 원소들은 생략해서 32개의 원소로 된 주기를 18열로 줄이고, 이들은 주기율표 아래쪽에 따로 두 행을 만들어 나열해서 오늘날의 주기율표를 만들었지요.

단점을 보완하여 오늘날의 주기율표가 되었군요.

이렇게 오늘날의 주기율표는 오랜 시간에 걸쳐 원소의 발견, 원자 구조의 발견, 그리고 정확한 원자량의 측정에 의해 계속 발전해 온 것이지요.

오늘날의 주기율표가 하루아침에 완성된 것이 아니었군요.

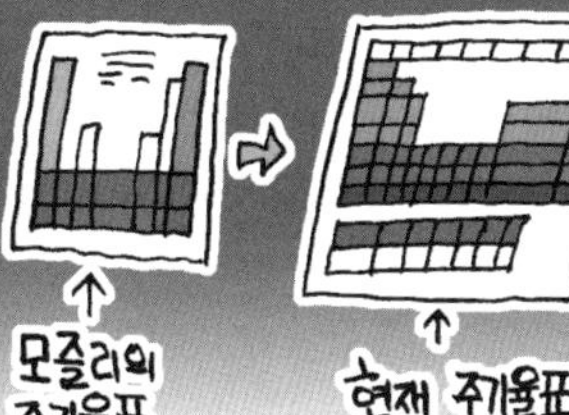


그러면 이러한 일을 주관해서 진행하는 곳이 있나요?

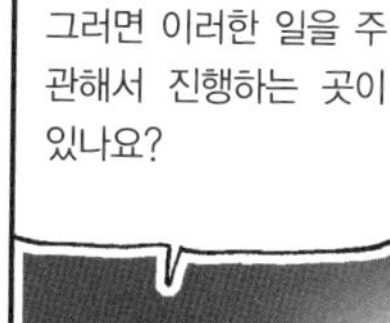

바로 IUPAC(국제순수응용화학연맹)라는 세계적인 화학 협회에서 주기율표를 이루는 원소의 이름과 기호, 그리고 주기율표의 모양 등을 결정한답니다.

일곱 번째 수업

7

# 주기율 이야기

주기율표를 보고 우리는 무엇을 알 수 있을까요?
원자 반지름, 이온화 에너지, 전기 음성도는 어떤 것인지 알아봅시다.

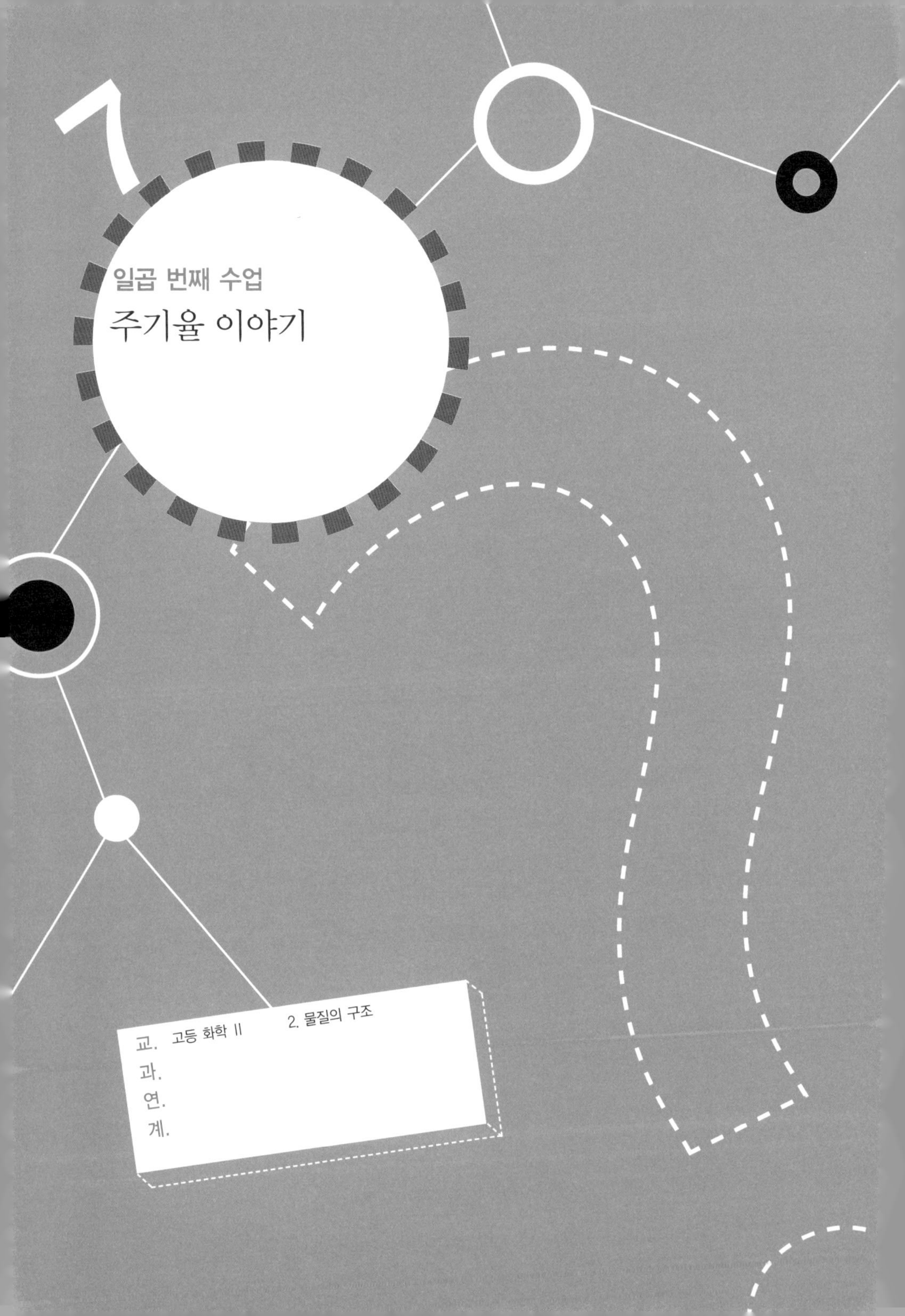

7

일곱 번째 수업

# 주기율 이야기

교. 고등 화학 II 2. 물질의 구조
과.
연.
계.

## 멘델레예프가 사뭇 진지한 표정을 짓고 일곱 번째 수업을 시작했다.

사실 조금 순서가 바뀐 듯한 느낌이 있지만, 여러분에게 주기율이 무엇인가를 제대로 보여 주지 못한 것 같아요.

주기율이란 원자 번호 순서에 따라 반복되는 최외각 전자 배치에 의해 원소들의 비슷한 성질이 되풀이되는 현상을 말해요.

도대체 비슷한 성질이란 어떤 것을 말할까요? 먼저 주기율표의 주기와 족에 대해서 알아본 후 주기율에 대하여 차근차근 살펴보도록 하지요.

## 주기 이야기

주기는 전자 껍질의 번호

주기율표의 가로줄을 주기라고 합니다. 이것은 그 주기에 속한 각 원자가 가지고 있는 전자 껍질의 수를 의미하지요. 앞에서도 말했지만 껍질의 크기가 다르기 때문에 들어갈 수 있는 전자 수도 달라요.

따라서 각 주기에 해당하는 원소의 수는 다음과 같아요.

| 주기 | 전자 껍질 | | | | | | | 원소 수 | 원소 | 주기표 |
|---|---|---|---|---|---|---|---|---|---|---|
| 1 | K | | | | | | | 2 | $_{1}H$ − $_{2}He$ | |
| 2 | K | L | | | | | | 8 | $_{3}Li$ − $_{10}Ne$ | 단주기형 |
| 3 | K | L | M | | | | | 8 | $_{11}Na$ − $_{18}Ar$ | |
| 4 | K | L | M | N | | | | 18 | $_{19}K$ − $_{36}Kr$ | 장주기형 |
| 5 | K | L | M | N | O | | | 18 | $_{37}Rb$ − $_{54}Xe$ | |
| 6 | K | L | M | N | O | P | | 32 | $_{55}Cs$ − $_{86}Rn$ | 최장주기 |
| 7 | K | L | M | N | O | P | Q | 26종 발견 | $_{87}Fr$ − 미완성 | |

1주기는 K껍질, 1s 오비탈만을 가지므로 전자가 2개까지 들어갈 수 있어 $1s^1$의 수소와 $1s^2$의 헬륨 2가지만 존재하게 되지요.(6장 113쪽의 표를 함께 보면서 읽기 바랍니다.) 그런데 2번째 껍질인 L에는 2s와 2p의 2종류 오비탈이 존재하므로 전자가 들어갈 수 있는 오비탈의 총수는 4개, 전자의 총수는 8개

가 돼요. 그래서 2주기 원소는 Li(K $2s^1$)부터 Ne(K $2s^2 2p^6$)까지 총 8종류가 되는 거지요. 그런데 3주기는 3s, 3p까지만 채우고, 3d는 4s 이후로 채우기 때문에 2주기와 마찬가지로 8개의 원소로 구성되어 있어요. 이렇게 8개의 원소로 2주기와 3주기의 오비탈 배치가 반복되기 때문에 뉴랜즈의 옥타브설 등이 성립할 수 있었던 거예요. 그래서 1주기에서 3주기까지를 단주기라고도 합니다.

4주기는 말 그대로 전자 껍질이 4개가 되어 있어요. 그런데 에너지 준위가 낮은 4s의 2개를 먼저 채우고, 앞에서 채우지 못한 3d오비탈의 10개를 채우고, 4p의 6개를 완성하지요. 그래서 총 18개의 원소가 배치되지요. 5주기도 마찬가지예요.

그런데 6주기에는 6s 다음에 4f오비탈의 14개가 끼어 들어간 후 5d오비탈이 들어가게 되어 32개가 되지요. 그러면 주기율표가 가로로 너무 길어지게 되므로 4f의 14개는 주기율표의 아래에 따로 표시를 하지요.

우리는 이것을 란탄족이라고 합니다. 마찬가지로 7주기에서 5f를 란탄족 아래에 따로 표시하는데 이것을 악티늄족이라고 하지요. 그러나 6d오비탈이 미완성이므로 7주기는 인공 원소의 합성으로 조금씩 채워지고 있어요.

더 중요한 것은 같은 가로줄에 위치한 원소들의 오비탈 배치가 모두 다르다는 거예요. 그러므로 이들의 성질은 전혀 달라요. 마치 같은 층에 살아도 서로의 집 구조가 달라 생활하는 모습이 다른 사람들처럼요.

## 족 이야기

족은 성질이 비슷한 원소들이 모인 세로줄

주기율표의 세로줄을 족이라고 해요. 족은 영어로는 'group' 이지만, 한자로는 '族'이기 때문에 그 의미는 'family'에 더 가깝지요.

족은 1에서 18번까지의 숫자를 이용해서 나타내지요. 예전에는 로마 숫자와 기호를 이용해서 많은 의미를 나타냈었지만 사람들이 너무 어려워해서 이제는 그냥 아라비아 숫자만으로 표기합니다.

족의 성질은 가족이라는 말을 생각하면 짐작할 수 있어요. 가족은 매우 비슷한 점이 많은 사람들이지요. 생김새도 비슷하고, 성격도 비슷하고, 심지어는 말투도 닮았어요. 그래서 옆집 사람들과 쉽게 구별이 되지요. 그렇지만 쌍둥이가 아닌 이상 아무리 형제라고 해도 서로 조금씩 다르지요.

원소들도 마찬가지예요. 같은 세로줄에 있는 원소를 같은 가족이라는 뜻의 동족 원소라고 하는데 이들은 다른 족에 비해서 닮은 점이 굉장히 많아요. 그것은 가장 바깥 전자 껍질의 오비탈이 같기 때문이에요.

### 주기율표와 전자 배치

그러므로 주기율표의 각 위치는 각 원자의 전자 배치를 다음과 같이 보여 주지요. 이러한 기호를 해석할 수 있는 화학자들은 주기율표를 통해 원자의 비밀을 한눈에 파악할 수 있답니다.

| 족 / 주기 | 1 | 2 | 3 | 4 | 5 | 6 | 7 | 8 | 9 | 10 | 11 | 12 | 13 | 14 | 15 | 16 | 17 | 18 |
|---|---|---|---|---|---|---|---|---|---|---|---|---|---|---|---|---|---|---|
| **1 K** | | | | | | | | | | | | | | | | | | $s^2$ |
| **2 L** | $s^1$ | | | | | | | | | | | | | | | | | |
| **3 M** | | $s^2$ | | | | | | | | | | | $p^1$ | $p^2$ | $p^3$ | $p^4$ | $p^5$ | $p^6$ |
| **4 N** | | | $d^1$ | $d^2$ | $d^3$ | $d^4$ | $d^5$ | $d^6$ | $d^7$ | $d^8$ | $d^9$ | $d^{10}$ | | | | | | |

### 족의 이름

각 족들은 족의 이름을 가지고 있는데 일부 명문 집안은 독

특한 이름을 가지고 보통의 집안은 대표 원소의 이름을 따서 부르기도 하지요. 주기율표의 맨 앞에 있는 1족은 알칼리 금속이라고 하는데 이는 염기성이라는 뜻이에요. 이 원소로 이루어진 물질 중에 염기성을 나타내는 것이 많아서 그렇게 이름이 지어졌어요. 2족인 알칼리 토금속의 토는 흙을 의미해요. 성질은 알칼리 금속과 비슷하고 지각에 많이 존재하는 원소라는 뜻이지요.

할로겐은 그리스 어의 염을 뜻하는 alos와 만든다는 뜻의 gennan에서 유래한 것으로, 금속 원소와 반응하여 염을 잘 형성합니다.

비활성 기체는 활성이 없다, 즉 화학 반응을 잘 안 하는 기체 원소라는 뜻이지요.

| 족 | 1 | 2 | 13 | 14 | 15 | 16 | 17 | 18 |
|---|---|---|---|---|---|---|---|---|
| 이름 | 알칼리 금속 | 알칼리 토금속 | 알루미늄 족 | 탄소족 | 질소족 | 산소족 | 할로겐 | 비활성 기체 |

## 원자 반지름의 주기율

**원자의 반지름은 $\frac{1}{1,000,000,000}$m 정도의 크기**

원자는 어떤 모양일까요? 원자는 핵과 그 주위를 빠르게 운동하는 전자들로 둘러싸여 있어 모양이 정해진 것은 아니에요. 과학자들은 보통 원자를 동그랗다고 생각하는데 그것은 오비탈들이 여러 개 겹치면 3차원 대칭의 구형인 전자구름을 형성하기 때문이죠. 그러한 공 모양의 크기를 나타내는 데에는 반지름이 가장 많이 쓰이지요.

그럼 원자의 반지름은 어떻게 측정할까요? 독립된 원자는 1개의 입자가 아니라 원자핵이 전자구름으로 덮여 있는 솜사탕 같아서 반지름을 측정하기가 곤란해요. 그래서 보통은 분

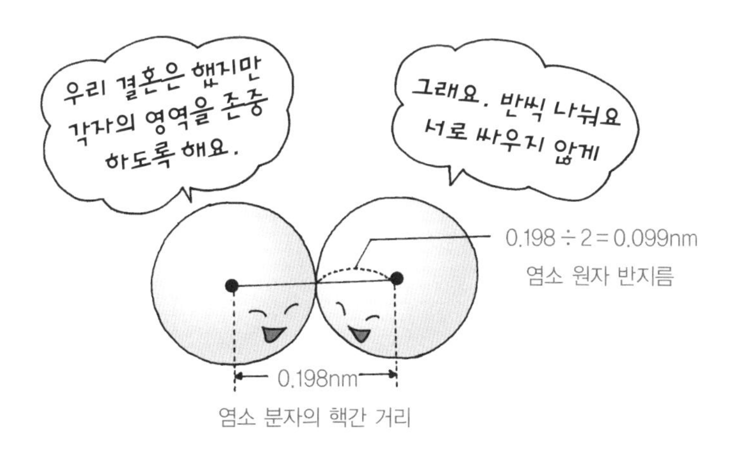

자를 이루고 있는 원자들의 핵 사이의 거리를 이용해서 반지름을 구하지요.

여러분은 원자의 크기가 얼마나 된다고 생각하나요? 요즘 나노 공학이라는 말이 유행하는데 나노란 바로 원자의 크기를 나타내는 단위예요. 1nm는 $\frac{1}{1,000,000,000}$m를 의미합니다. 그래서 개개의 원자를 조작할 정도로 정밀한 과학 기술을 나노 공학이라고 하는 거예요. 원자의 반지름은 몇 nm(나노미터) 정도입니다.

### 주기율이 나타나는 원자 반지름

이렇게 구한 원자들의 크기(단위 nm)를 주기율표에 표시해 보면 다음과 같아요. 비활성 기체는 빠져 있어요.

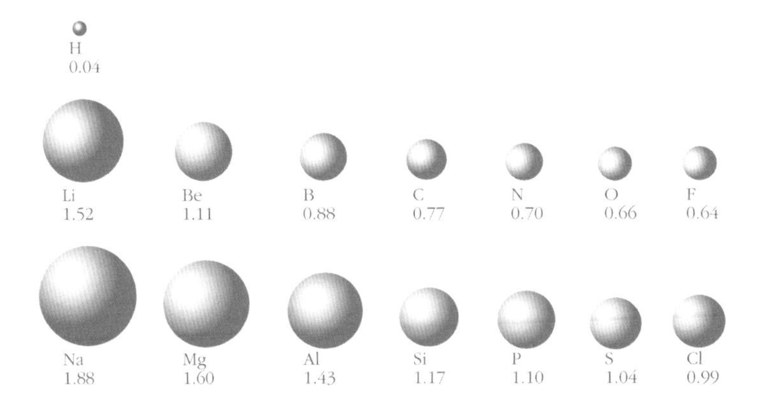

이것을 그래프로 다시 나타내면 다음과 같지요.

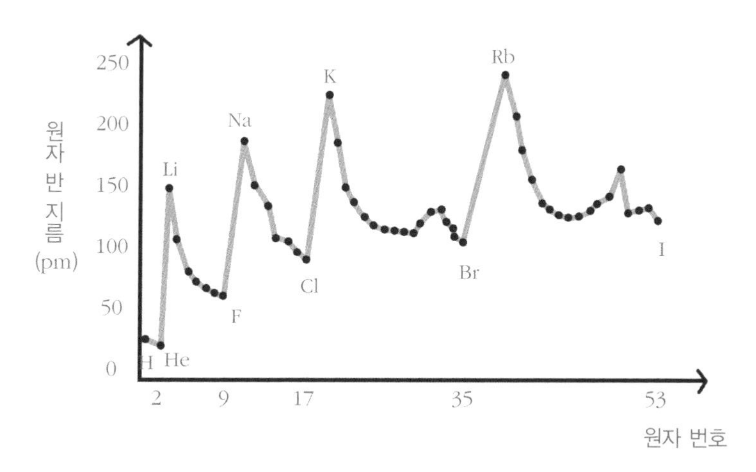


보통의 사람들은 원자 번호가 커지면 전자 수가 늘어나면서 원자 반지름이 커질 거라고 생각해요. 그러나 위의 표와 그래프에서 보는 것처럼 같은 주기에서는 오른쪽으로 갈수록 오히려 원자 반지름이 작아지는 것을 볼 수 있지요. 그러다가 다음 가로줄에서는 갑작스럽게 커졌다가 오른쪽으로 가면서 다시 작아지는 현상이 반복되지요. 이것이 바로 원자 반지름의 주기율이에요.

### 원자 번호가 커지면 같은 주기에서는 작아지고 같은 족에서는 커지는 원자 반지름

왜 같은 주기에서는 원자 번호가 커지면서 전자가 늘어나도 원자의 크기는 점점 작아지는 것일까요? 그것은 늘어나는 전자들이 같은 전자 껍질에 들어가기 때문이에요. 전자가 늘어날 때 핵 속의 양성자 수도 비례해서 늘어나지요. 그러면 핵의 양전하량이 점점 커져 핵의 인력이 강해지지요.

핵은 전자가 달아나지 못하게 잡아당기는 역할을 하는데 이 인력이 커지면 같은 껍질에 있는 전자들을 더 강하게 끌어당길 수 있지요. 그러면 전자구름이 안으로 끌려가 전체적으로 반지름이 작아지는 거예요.

이것은 이렇게도 비유할 수 있어요. 엄마 핵은 언제나 자녀

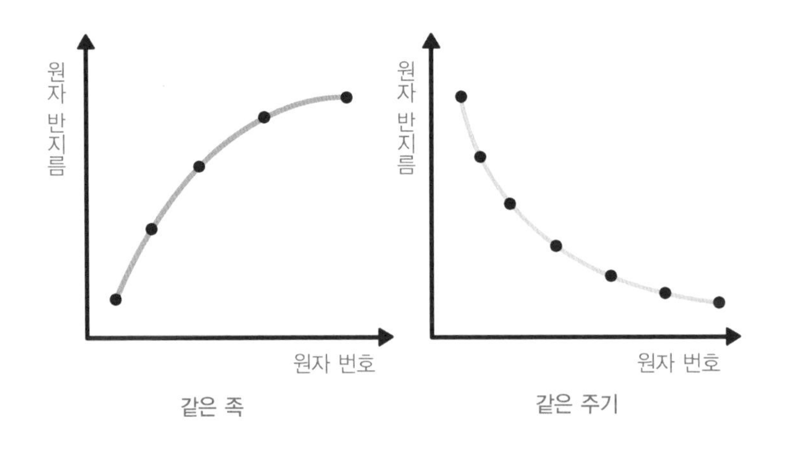

전자들을 돌보기 위해 자신의 주변에 머무르게 해요. 엄마는 아이를 하나씩 낳을 때마다 약한 여자에서 점점 더 강한 여자가 되어 가지요. 그래야 아이가 늘어도 한결같은 사랑으로 돌볼 수 있기 때문이에요. 그래서 자식이 많은 집 아이들일수록 부모와 더 친밀하게 지내는 거랍니다.

하지만 주기율표의 같은 족을 비교해 보면 원자 번호가 커질수록 원자 반지름이 증가하지요. 이것은 전자 껍질이 늘어나기 때문이에요. 양파 껍질 수가 늘어나면 양파가 커지듯이 전자 껍질이 늘어나면 원자는 커져요. 전자가 늘어나면 핵의 인력도 강해지지만 여러 개의 전자 껍질로 둘러싸이면 핵의 인력이 안쪽 껍질들에 의해 가려져서 바깥 껍질에까지 미치지 못하지요. 이것을 가리움 효과라고 해요.

껍질이 많을수록 커지는 양파

가리움 효과는 쉽게 설명하면 이런 거예요. 추운 겨울에 방 가운데서 난로가 빨갛게 타오르고 있었어요. 친구들이 몰려와 난로를 빙 둘러쌌지요. 그런데 늦게 들어온 친구는 난로 가까이 갈 수가 없었어요. 왜냐하면 다른 친구들이 안쪽을 둘러싸고 있었기 때문이에요. 그래서 이 친구는 불빛을 쬐지 못해 여전히 추웠어요. 이처럼 가장 바깥 껍질의 전자는 핵의 인력을 가장 약하게 받아요.

이 모든 현상이 원자가 하나의 딱딱한 공이 아니고 핵의 인력이 전자구름을 붙잡고 있는 솜사탕이기 때문에 나타나는 현상이에요.

## 이온화 에너지의 주기율

### 이온화 에너지의 정의

이온화 에너지는 기체 상태의 원자에서 전자 1개를 떼어 내는 데 필요한 에너지로 그 단위는 킬로줄/몰(kJ/mol)이에요. 그러니까 이 값이 크다는 것은 원자에서 전자를 하나 떼어내어 양이온으로 만들기가 어렵다는 것을 의미합니다.

원자는 여러 개의 전자 중 어떤 전자를 떼어낼까요? 가장

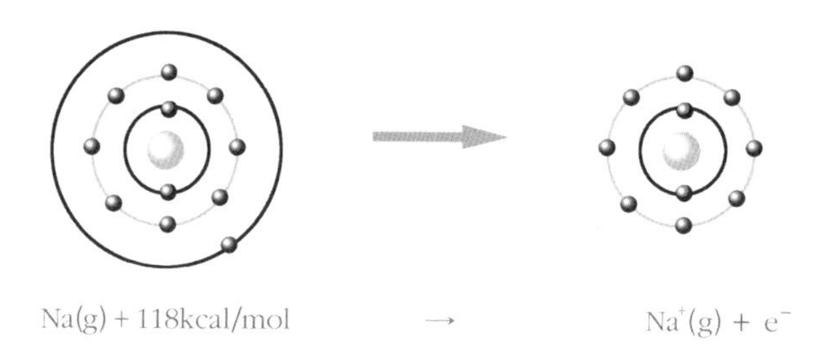


떼어내기 쉬운 전자를 떼어내야겠지요. 전자 중에서 가장 바깥 껍질에 들어 있는 최외각 전자는 핵의 인력을 가장 약하게 받기 때문에 떼어내기가 쉬워요. 즉 원자 반지름이 작아 최외각 전자가 핵의 인력을 강하게 받으면 이온화 에너지의 크기가 커지지요. 이것은 거꾸로 핵의 인력이 강하면 원자 반지름은 작아지고 이온화 에너지는 커진다고 말할 수 있습니다.

## 원자 번호가 커지면 같은 주기에서는 커지고 같은 족에서는 작아지는 이온화 에너지

이온화 에너지의 크기도 원자 반지름과 마찬가지로 주기성을 가져요. 같은 주기 원소들은 원자 번호가 증가할수록 핵의 인력이 강해지고 원자 반지름이 감소하여 이온화 에너지는 대체적으로 증가해요. 그러나 중간에 몇 군데 불규칙적인 변화를 보이는데 이것은 전자껍질 내에 존재하는 오비탈에 따른 전자 배치와 관련된 현상이에요. 같은 족 원소들은 원

자 번호가 증가할수록 가리움 효과로 인해 핵의 인력은 약해지고 원자 반지름이 커져 핵과 최외각 전자 사이의 인력이 작아지기 때문에 이온화 에너지는 감소하지요.

| 1족 | | 2족 | | 16족 | | 17족 | |
|---|---|---|---|---|---|---|---|
| 리튬(Li) | 516.1 | 베릴륨(Be) | 895.7 | 산소(O) | 1310.1 | 플루오르(F) | 1682.6 |
| 나트륨(Na) | 495.9 | 마그네슘(Mg) | 736.6 | 황(S) | 1000.3 | 염소(Cl) | 1255.7 |
| 칼륨(K) | 419.0 | 칼슘(Ca) | 590.2 | 셀레늄(Se) | 941.7 | 브롬(Br) | 1142.6 |
| 루비듐(Rb) | 403.1 | 스트론튬(Sr) | 552.5 | 텔루르(Te) | 874.8 | 요오드(I) | 1008.7 |
| 세슘(Cs) | 375.9 | 바륨(Ba) | 506.4 | | | | |

몇 가지 족의 첫째 이온화 에너지(kJ/mol)

## 전기 음성도의 주기율

### 전기 음성도는 원자가 전자를 차지하는 정도

물질이 원자로 이루어지기는 했지만 18족 비활성 기체를 제외한 대부분의 원자는 독립적으로 존재하지 않고 화학 결합을 한 상태로 존재한다고 앞에서도 이야기했지요?

화학 결합은 결합하는 원자들이 최외각 전자들을 나누어 갖는 방식에 따라 여러 가지로 나누기는 하지만 중요한 점은 바로 최외각 전자들을 함께 이용한다는 거예요. 여러분이 어

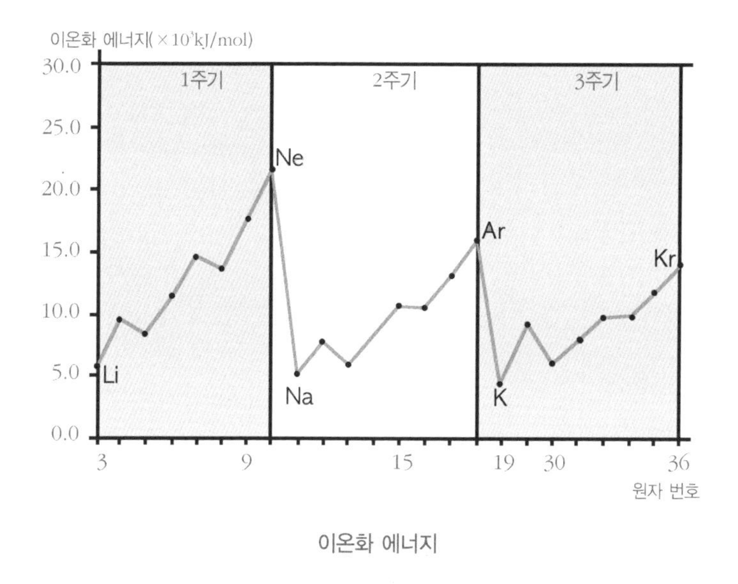


이온화 에너지

릴 때 친구들과 장난감을 함께 가지고 놀며 친해졌듯이 결합하는 두 원자도 전자를 공유할수록 결합이 강해져요.

그러나 원자들마다 전자에 대한 인력이 다르기 때문에 어떤 원자는 전자에 대한 욕심이 강하고, 어떤 원자는 마음이 약해서 쉽게 주어 버린답니다. 전기 음성도란 바로 결합하는 원자가 전자를 욕심내는 정도를 말해요. 그러므로 전기 음성도가 클수록 전자를 잘 빼앗아 음이온이 되기 쉬워요.

이 전기 음성도는 미국의 과학자 폴링(Linus Carl Pauling, 1901~1994)이 정의하고 측정하였습니다. 그것을 주기율표에 나타내면 다음과 같아요.

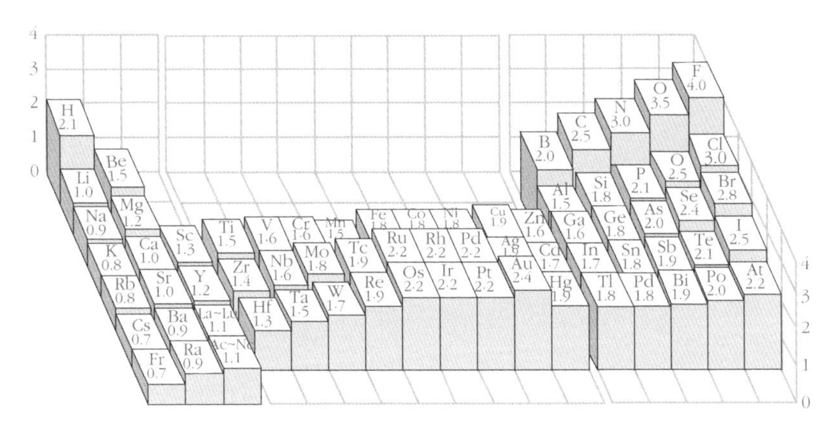


전기 음성도

그림에서도 알 수 있듯이 주기율표 상에서 오른쪽 위로 갈수록 전기 음성도가 커지고, 왼쪽 아래로 갈수록 작아지는 경향성이 있어요. 같은 주기에서는 원자 번호가 커질수록 전기 음성도가 커지고, 같은 족에서는 원자 번호가 커질수록 전기 음성도가 작아지는 것도 확인할 수 있지요.

이 외에도 원자의 여러 가지 성질이 주기성을 나타내요. 그러므로 주기율표 상의 위치만으로도 우리는 원소와 원자에 대한 많은 정보를 얻을 수 있는 것이죠. 처음에는 원자의 구조도 모른 채 만든 주기율표가 과학의 발달과 더불어 그 비밀의 실체를 드러낸 것이지요.

양성자로 이루어진 원자핵의 인력과 전자들의 배치에 따라 원소의 성질이 주기적으로 변하는 것이 바로 주기율이고, 그것에 따라 배치한 표가 주기율표입니다.

## 만화로 본문 읽기

혹시 원자의 반지름을 어떻게 측정하는지 알고 있나요?
글쎄요. 독립된 원자는 원자핵이 전자구름으로 덮여 있는 솜사탕 같아서 반지름을 측정하기가 곤란하잖아요.
전자구름


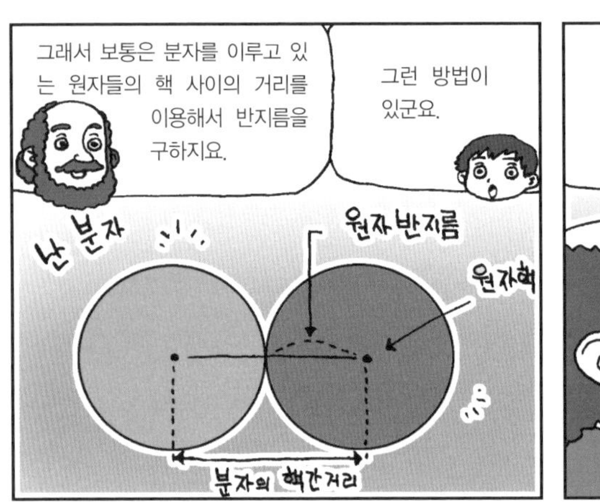

그래서 보통은 분자를 이루고 있는 원자들의 핵 사이의 거리를 이용해서 반지름을 구하지요.
그런 방법이 있군요.
난 분자
원자 반지름
원자핵
분자의 핵간 거리

보통 원자의 반지름은 몇 nm정도로 1nm는 10억 분의 1m예요.
엄청나게 작은 숫자네요.
내 몸의 크기는 nm로 나타낼 정도로 작아요


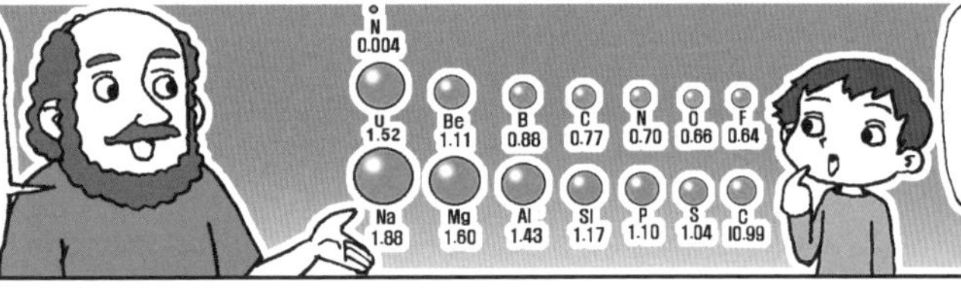

이렇게 구한 원자들의 크기를 주기율표에 표시해 보면 다음과 같아요. 여기에 비활성 기체는 빠져 있지요.
N 0.004
U 1.52
Be 1.11
B 0.88
C 0.77
N 0.70
O 0.66
F 0.64
Na 1.88
Mg 1.60
Al 1.43
Si 1.17
P 1.10
S 1.04
C 10.99
그런데 원자 번호가 커지면 전자 수가 늘어나면서 원자 반지름이 커지나요?

그렇지 않아요. 그래프를 보면 같은 주기에서는 오른쪽으로 갈수록 오히려 원자 반지름이 작아지는 것을 볼 수 있어요.
정말 그렇군요.
원자반지름 (pm)
250
200
150
100
50
0
H He U Na F K Cl Br Rb I
2 9 17 35 53
원자번호

그러다가 다음 가로줄에서는 갑작스럽게 커지고 오른쪽으로 가면서 다시 작아지는 현상이 반복되는데, 이게 바로 원자 반지름의 주기율이에요.
아직은 좀 어렵네요.

여덟 번째 수업

8

# 주기율표를 이용한 원소의 분류

물질은 상온에서 고체, 액체, 기체의 상태로 존재합니다.
주기율표를 통해 물질의 상태를 알 수 있다고 합니다. 그 방법을 알아봅시다.

8

여덟 번째 수업

# 주기율표를 이용한 원소의 분류

| 교과 연계 | | |
|---|---|---|
| | 고등 화학 I | 1. 우리 주변의 물질 |
| | 고등 화학 II | 2. 물질의 구조 |

멘델레예프가 질서 정연하게
앉아 있는 학생들을
흐뭇하게 바라보며
여덟 번째 수업을 시작했다.

주기율표는 원소의 성질을 한눈에 파악할 수 있게 분류해 놓은 표라고 했지요. 마치 여러분들이 질서 정연하게 앉아 있는 것처럼요. 이번 시간에는 몇 가지 기준에 의한 주기율표 위치로 원소를 분류해 보려고 해요.

## 상온에서의 상태에 의한 분류

왼쪽 아래의 금속은 대부분 고체 상태, 오른쪽 위의 비금속은 대

## 부분 기체 상태

우리가 가장 편안하게 생활하는 온도를 상온이라고 해요. 과학자들의 실험실은 25℃에 고정되어 있지요. 이렇게 자연스런 상온 상태에서 물질은 대개 고체, 액체, 기체의 세 가지 상태 중 하나를 나타내요.

그리고 주기율표는 주기율표상의 위치로도 물질의 상태를 짐작할 수 있게 해 주어요. 흰색에 해당하는 고체는 주로 왼쪽 아래를 차지하고 옅은 색의 기체는 오른쪽 위에 몰려 있어요.

| 족 / 주기 | 1 | 2 | 3 | 4 | 5 | 6 | 7 | 8 | 9 | 10 | 11 | 12 | 13 | 14 | 15 | 16 | 17 | 18 |
|---|---|---|---|---|---|---|---|---|---|---|---|---|---|---|---|---|---|---|
| 1 | 1 H | | | | | | | | | | | | | | | | | 2 He |
| 2 | 3 Li | 4 Be | | | | | | | | | | | 5 B | 6 C | 7 N | 8 O | 9 F | 10 Ne |
| 3 | 11 Na | 12 Mg | | | | | | | | | | | 13 Al | 14 Si | 15 P | 16 S | 17 Cl | 18 Ar |
| 4 | 19 K | 20 Ca | 21 Sc | 22 Ti | 23 V | 24 Cr | 25 Mn | 26 Fe | 27 Co | 28 Ni | 29 Cu | 30 Zn | 31 Ga | 32 Ge | 33 As | 34 Se | 35 Br | 36 Kr |
| 5 | 37 Rb | 38 Sr | 39 Y | 40 Zr | 41 Nb | 42 Mo | 43 Tc | 44 Ru | 45 Rh | 46 Pd | 47 Ag | 48 Cd | 49 In | 50 Sn | 51 Sb | 52 Te | 53 I | 54 Xe |
| 6 | 55 Cs | 56 Ba | 57 La | 72 Hf | 73 Ta | 74 W | 75 Re | 76 Os | 77 Ir | 78 Pt | 79 Au | 80 Hg | 81 Tl | 82 Pb | 83 Bi | 84 Po | 85 At | 86 Rn |
| 7 | 87 Fr | 88 Ra | 89 Ac | | | | | | | | | | | | | | | |

| | | | | | | | | | | | | | | |
|---|---|---|---|---|---|---|---|---|---|---|---|---|---|---|
| * 란탄족 원소 | 58 Ce | 59 Pr | 60 Nd | 61 Pm | 62 Sm | 63 Eu | 64 Gd | 65 Tb | 66 Dy | 67 Ho | 68 Er | 69 Tm | 70 Yb | 71 Lu |
| ** 악티늄족 원소 | 90 Th | 91 Pa | 92 U | 93 Np | 94 Pu | 95 Am | 96 Cm | 97 Bk | 98 Cf | 99 Es | 100 Fm | 101 Md | 102 No | 103 Lr |

### 왼쪽 아래의 가장 넓은 위치를 차지한 고체 상태

주기율표에 있는 103번까지의 원소 중에서 어떤 상태가 가장 많다고 생각하세요? 네, 대부분은 고체 상태로 있답니다. 실제로 지구를 한번 둘러보세요. 하늘, 땅, 바다 중에서 무엇이 더 많나요? 물론 땅을 이루는 물질들은 원소라기보다는 화합물이에요. 그렇지만 가장 많은 종류의 원소를 가진 것도 역시 지구 덩어리랍니다.

왼쪽 그림에서 검은색으로 쓰인 원소 기호들은 76가지예요. 그리고 대부분은 금속이랍니다.

### 딱 2가지의 액체, 수은과 브롬

지구에서 가장 많은 액체는 아무래도 바다를 이루고 있는 물이겠지요. 그러나 물은 원소가 아니라 수소와 산소라는 2가지 원소로 이루어진 화합물이지요. 의외로 주기율표상의 원소 중 상온에서 액체로 존재하는 것은 단 2가지예요. 금속 중에서 수은(Hg), 비금속 중에서 브롬($Br_2$)이지요.

수은은 정말 독특한 물질로, 체온계 또는 기압계 등에서 액체 상태로 쉽게 볼 수 있고, 형광등 속에도 증기로 들어 있어요. 액체 수은에 다른 금속이 섞여 있는 것을 아말감이라고 하는데, 무른 것이라는 뜻의 그리스 어로부터 유래되었어요.

수은의 분량이 많으면 합금은 액체 상태가 되나, 대부분은 고체가 돼요. 수은은 철, 니켈, 코발트, 망간 등의 몇 가지 금속을 제외하고 여러 실용 금속과 서로 녹으며, 특히 금, 은, 구리, 아연, 카드뮴, 납 등과 합금을 만들어 아말감이 잘돼요. 상온에서도 액체 또는 무른 고체의 합금을 만들어 약간만 가열하면 무르게 되므로 세공하기 쉽지요.

은, 주석, 구리의 아말감은 치과에서 충치를 때우는 충전재로 쓰이고 납, 주석, 비스무트의 아말감은 거울의 뒷면에 칠해 반사가 잘되게 하기 위하여 이용하지요.

한편 브롬은 일상에서는 전혀 볼 수가 없는 물질이에요. 사실 자연 상태로 존재하지 않아서, 화학 공장에서 특별히 제조하여 화학 약품으로만 판매하고 있어요. 이것은 브롬이 할로겐이라고 하는 특별한 족에 속하는 반응성이 매우 큰 원소이기 때문에, 자연 상태에서는 원소가 아니라 화합물로만 존재하기 때문이죠.

### 오른쪽 위에 위치한 기체는 모두 비금속

상온에서의 기체 물질은 앞에 나온 주기율표에서 옅은 색으로 표시하였는데, 주기율표상에서 대각선을 기준으로 오른쪽 위를 차지하는 비금속들임을 알 수 있어요. 그리고 그

수도 겨우 11가지랍니다. 18족은 뒤에서 더 자세히 이야기하겠지만 족 이름이 비활성 기체라고 할 정도로 6가지 모두 기체이고, 다른 족 중에는 수소, 산소, 질소, 플루오르, 염소 등이 기체예요. 여기서 할로겐족인 플루오르와 염소 기체는 자연에는 존재하지 않아요. 이 기체들 역시 뒤에서 더 자세히 얘기하기로 하지요.

나머지 기체들은 지구 대기를 이루고 있답니다. 지구 대기의 78%는 질소 기체($N_2$)가 차지하고, 21%는 산소 기체($O_2$)가 차지하고 있어요. 그러면 몇 %가 남지요? 네, 그래요. 약 1%가 남는데 그중에 대부분은 아르곤(Ar)을 비롯한 비활성 기체 혼합물이 차지하지요. 그리고 우리가 잘 아는 이산화탄소($CO_2$)는 겨우 0.03%만 대기 중에 존재해요.

### 우주에는 많지만 지구에는 거의 없는 수소 기체

그런데 수소 기체($H_2$)는 대기 상층부에는 대량으로 존재하지만, 하층 부분에는 극히 미량(0.00001%)이 존재하지요. 그렇지만 화산의 분출 가스, 천연 가스 등에서 산출되기도 해요. 또한 셀룰로오스나 단백질이 세균의 작용으로 분해될 때 소량이 발생하기도 합니다. 하지만 수소 기체는 반응성이 커서 산소와 폭발적으로 반응하기도 하고, 다른 화합물을 잘 만

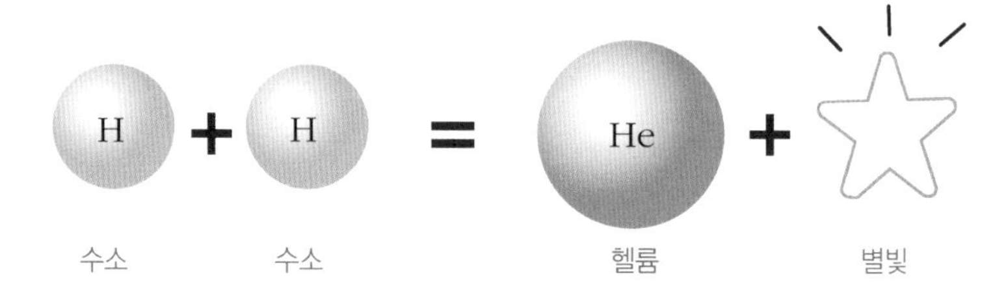


들어 물 또는 많은 유기 화합물로 생명체의 몸을 구성하지요. 또한 밤하늘에 빛나는 별들의 대부분은 수소 원자로 이루어져 있어요. 이 수소 원자들은 수소 연소라는 핵융합 반응을 통해 별빛을 우주 공간으로 방출하고 있지요.

## 두 얼굴을 가진 오존

마지막으로 자연에 존재하는 독특한 기체를 한 가지 더 이야기하면 그것은 바로 오존($O_3$)이에요. 오존은 산소 기체와 마찬가지로 산소 원자로만 이루어진 원소지만 산소 기체와는 성질이 전혀 다른 기체지요. 이러한 산소와 오존의 관계를 동소체라고 해요. 오존은 독특한 냄새를 가지고 있어 냄새를 맡다는 뜻의 그리스 어 ozein을 따서 이름 지었지요.

오존은 상온에서는 옅은 청색을 띠는 기체인데, 공기 속에 0.0002%만 존재해도 냄새를 감지할 수 있다고 해요. 건조한 산소 또는 공기 중에서 무선 방전시킬 때 생기며, 물을 강한 전류로 분해할 때 산소와 함께 발생해요. 자연에서는 햇빛의 강한 자외선에 의해서도 생성되므로 자외선이 풍부한 높은 산, 해안, 산림 등의 공기 중에도 소량 존재해 이런 곳에 가면 상쾌한 느낌이 들죠.

그러나 오존을 지나치게 많이 마시면 우리의 호흡 기관을 산화시켜 손상시키므로 주의해야 해요. 대도시에서는 자동차의 배기가스가 대기 오염을 일으킬 때 오존이 발생되는데, 이러한 현상을 광화학 스모그라고 하지요. 여러분의 나라 한국도 여름이면 광화학 스모그가 자주 발생해 오존 경보를 발령한다고 들었어요. 이럴 때에는 외출을 삼가고, 부모님도 자동차를 운전하지 않도록 해야 해요.

지상에서 20~25km 정도 올라가면 성층권이라는 곳에 20km 두께로 비교적 농도가 높은 오존이 분포하는데, 이것을 오존층이라고 해요. 이 오존층에서 태양의 강한 자외선을 흡수해 지상의 생물을 보호하지요. 그러나 자동차의 배기가스와 프레온 가스에 의한 환경 오염으로 인해 오존층이 서서히 파괴되고 있어 걱정이에요.

## 비활성 기체

주기율표의 여러 족 중에서 가장 늦게 발견된 족이 있는데 그것이 바로 가장 오른쪽 끝에 위치한 18족이에요.

### 반응하기 싫어하는 게으른 기체들의 발견

18족 원소는 1892년, 영국의 물리학자 레일리에 의해서 발견되기 시작했어요. 그는 공기 중에서 산소와 수증기와 이산화탄소를 제거하여 얻은 질소의 밀도와 아래와 같은 화학 반응으로 얻은 질소의 밀도 사이에 차이가 있음을 발견하였어요.

$$NH_4NO_2(g) \rightarrow N_2(g) + 2H_2O(g)$$

0℃와 1기압 하에서 다른 성분을 모두 제거한 질소 1L의 질량은 1.2572g이었으며, 아질산암모늄에서 얻은 건조 질소 1L의 질량은 같은 조건에서 1.250g이었습니다. 이와 같은 미세한 질량의 차이에 주의한 레일리는 공기 중에서 얻은 질소 시료 내에 다른 기체가 섞여 있을 것이라고 추측하였어요.

영국의 화학자 램지도 칼슘 금속을 가열하여 공기 중에서 얻은 질소와 반응시키면, 이 중 1%가 반응하지 않는다는 사

| 기체 | 공기중(ppm) | 밀도(0℃, 1기압) | 녹는점(℃) | 끓는점(℃) |
|---|---|---|---|---|
| 헬륨(He) | 5.2 | 0.179 | −272.2 | −268.9 |
| 네온(Ne) | 18.2 | 0.900 | −248.6 | −246 |
| 아르곤(Ar) | 9.340 | 1.78 | −189.2 | −185.7 |
| 크립톤(Kr) | 1.1 | 3.74 | −156.6 | −152.3 |
| 크세논(Xe) | 0.08 | 5.85 | −111.9 | 107.1 |

실을 발견하였어요. 순수한 질소는 완전히 반응하는데 반응하지 않는 나머지 기체의 비활성을 보고 램지는 이 기체에 '아르곤(argon은 그리스 어로 게으르다는 의미)'이라는 이름을 붙였어요. 그는 그 기체를 액화시켜 끓는점을 측정하여 이 기체가 각각 특성이 있고, 서로 끓는점이 다른 5가지 성분으로 되어 있음을 알아내었어요.

### 고독을 즐기는 잘난 기체들

18족은 상온에서 모두 독립적인 원자로 존재하는데, 분자의 역할도 겸하기 때문에 1원자 분자라고도 해요. 이들은 비활성 기체라는 별명도 가지고 있어요.

비활성은 화학 반응을 거의 하지 않는다는 뜻이에요. 이들이 이렇게 원자 혼자 존재하거나 다른 물질과 화학 반응을 하지 않는 것은 혼자만으로 만족하기 때문이에요. 그 이유는 이들 원자의 전자 배치에서 찾아볼 수 있어요.

이들의 전자 배치는 가장 바깥 껍질이 $s^2p^6$(헬륨은 $s^2$)이기 때문에 자신들의 오비탈을 모두 꽉꽉 채워 완성한 채로 존재해요. 그러므로 남거나 모자라지 않아요. 이렇게 스스로 완벽하다면 남과 어울리기가 싫겠지요? 그러나 다른 미완성 오비탈을 가진 원자들은 서로 어울려 부족함을 메우려고 하지요. 아무튼 이들은 게으른 것이 아니라 고독을 즐기는 잘난 기체들이에요.

### 존재량이 매우 적은 희귀 기체들

비활성 기체는 모두 냄새도 없고, 맛도 없고, 색깔도 없어요. 그리고 상온에서 물에만 약간 녹고 끓는점, 녹는점이 매우 낮아요. 이들의 녹는점과 끓는점은 원자 번호가 커지는 He〈Ne〈Ar〈Kr〈Xe 순으로 높아지는 규칙성을 나타내요. 같은 집안 자식이라도 형제 간에 서열이 있게 마련이지요.

비활성 기체에는 희귀 가스라는 별명도 있어요. 그것은 지구에 분포하는 양이 매우 적어 공기 중에 있는 총량이 1%밖에 안 되기 때문이에요. 다른 물질과 반응하지도 않고, 양도 적어서 내가 주기율표를 만든 지 한참 후에야 대부분의 원소들이 발견되었답니다.

### 독특한 색의 빛을 내어 레이저로 사용되는 기체들

비활성 기체들은 전구 속에 넣고 밀봉하여 전류를 흘려 주면 전구 속에서 방전되어 아름다운 빛을 내요. 이러한 성질 때문에 기체 레이저에 많이 사용돼요. 헬륨-네온 레이저는 최초의 연속적으로 작동하는 기체 레이저로서 632.8nm(나노미터, 1nm는 1m의 10억분의 1)의 파장을 가진 붉은빛을 내지요. 구입 가격과 유지비가 싸고, 신뢰성이 크고, 전력 소비가 적기 때문에 가장 널리 사용되는 레이저예요.

아르곤과 크립톤은 자외선 레이저로 이용돼요. 특히 아르곤($Ar^+$) 이온 레이저는 중요한 이온 레이저 중의 하나인데, 녹색(514.5nm)과 청색(488.0nm) 빛을 내요. 이 레이저가 작동되기 위해서 높은 에너지가 필요하지만 방출선의 세기가 세어서 형광과 라만(Raman) 분광법에서 광원으로 사용돼요. 또한 방사성 원소인 라돈 레이저는 암 치료 등에 이용되고 있어요.

또한 요즘 라식이라고 해서 시력 교정용 수술을 많이 하는

| 비활성 기체가 방전할 때의 색 | | | | |
|---|---|---|---|---|
| 헬륨 | 네온 | 아르곤 | 크립톤 | 크세논 |
| 황백색 | 등적색 | 적색 | 녹자색 | 자색 |

데, 각막을 깎아 내는 데 엑시머 레이저(Eximer Laser)라고 하는 레이저를 이용하지요. 이 레이저는 아르곤과 플루오르 혼합 기체의 원자외선 스펙트럼에서 나오는 193nm의 파장을 가진 빛을 이용해요. 이 빛은 특수한 광화학적 작용에 의해 열에 의한 손상 없이 세포 조직 내의 분자 결합만을 정확하게 파괴할 수 있어요. 그래서 계획된 양만큼의 각막 조직을 정확하게 절제, 연마하여 각막에 상처를 남기지 않고 근시, 난시를 교정하지요.

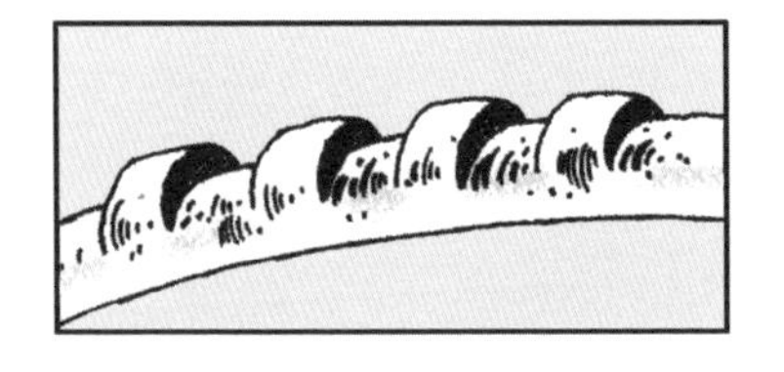

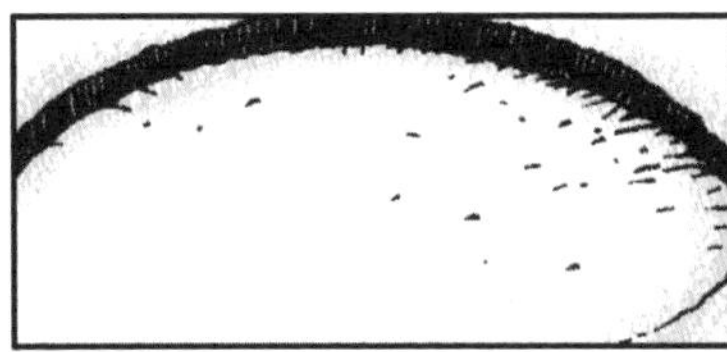

엑시머 레이저로 머리카락을 조각하고 각막을 잘라 낸 모습

과학자의 비밀노트

**레이저(LASER, Light Amplification by Stimulated Emission of Radiation)**

전자기파의 유도 방출 과정에 의한 빛의 증폭을 말한다. 그래서 레이저 빔은 세기가 강하고 한 가지 색을 띠며, 멀리까지 퍼지지 않고 전달된다. 이러한 레이저는 첨단 과학 기술 분야뿐만 아니라 의료 분야, 교육 분야, 예술 분야 등 다양한 분야에서 활용되고 있다.

### 우주에는 많지만 지구에서는 귀한 기체 헬륨

비활성 기체 집안의 막내는 바로 헬륨이에요. 여러분이 놀이 공원에 가서 사는 풍선 속에도 들어 있고, 마시면 목소리가 오리처럼 변하는 가스도 헬륨이에요.

헬륨은 태양의 스펙트럼에서 먼저 발견되었지만, 1895년에 램지와 스웨덴의 클레베(Per Cleve, 1840~1905)는 각각 독립적으로 우라늄 광물의 일종인 클레베석으로부터 헬륨을 분리하는 데 성공했지요. 기체인 헬륨이 광석 속에 들어 있던 것은 우라늄 같은 방사성 동위 원소가 붕괴될 때 방출되는 $\alpha$ 입자가 헬륨의 핵이기 때문입니다. 이것이 광석을 탈출하

헬륨을 이용한 광고용 풍선

지 못하고 그 안에서 전자를 얻어 중성의 원자가 되었기 때문에 헬륨을 기체로 분리할 수 있었던 거예요.

헬륨은 수소 다음으로 우주에서 가장 많은 원소이지만 지구상에 존재하는 양은 극히 적어요. 헬륨은 우라늄처럼 방사능을 갖는 광물이 붕괴될 때 얻거나, 천연가스의 기체 혼합물로부터 얻어야 하는데 천연가스에서 분리하는 것도 쉽지가 않아요. 그래서 수소보다 헬륨이 훨씬 더 비싸요. 하지만 수소 기체는 폭발할 위험이 있으므로 반응을 안 하는 헬륨을 광고용 풍선이나 비행선 제작에 사용한답니다. 또한 헬륨은 용접 부위 주위에 비활성 환경을 만들어 주어 가열된 금속의 부식을 막아 주어야 할 때도 사용해요.

### 이상한 성질을 가진 액체 헬륨

오랫동안 헬륨은 끓는점이 너무 낮아서 액화하는 것이 어려웠어요. 그러나 네덜란드의 물리학자 오네스(Heike Onnes, 1853~1926)가 1908년, 기체를 압축한 후 갑자기 냉각시키면 온도가 내려가는 원리를 이용하여 헬륨 기체를 액화하는 데 성공했어요.

액체 헬륨의 끓는점은 4.21K(−268.94℃)로, 모든 물질들 중에서 가장 낮기 때문에 저온 연구에 아주 중요하게 쓰이는 물질이지요. 특히 액체 헬륨은 2.19K 이하의 저온에서 열전도가 보통 이상으로 크고, 점성은 매우 작아져 시험관에 넣으면 스스로 시험관 밖으로 기어 나가는 이상한 성질을 가지고 있어요.

## 도시의 밤하늘을 수놓는 네온

비활성 기체 집안의 둘째는 네온사인으로 유명한 네온이에요. 네온의 발견에는 나도 한몫한 셈이에요. 왜냐하면 램지는 1894년에 아르곤을, 1896년에는 헬륨을 지상에서 발견하고는 나의 주기율표에서 힌트를 얻어 헬륨과 아르곤 사이에는 분명히 다른 비활성 기체가 존재할 것이라는 생각을 하게 되었어요. 그래서 그는 1897년 강연에서 '헬륨과 아르곤 사이에는 원자량이 헬륨보다 16단위가 크고 아르곤보다는 20단위가 작은 하나의 발견되지 않은 원소가 분명히 있다'고 주장했지요.

그는 마침내 1898년에 트래버스(Morris Travers, 1872~1961)와 함께 대기 중에서 네온을 찾아냈어요. 1898년 한 해에 그들은 네온뿐만 아니라 크립톤과 크세논도 발견하여 과학계를 놀라게 하였지요.

네온은 대기 중에 아주 약간 함유되어 있는데, 그 부피비가

네온사인으로 빛나는 도시의 밤거리

0.00182%이지요. 그들은 액체 공기를 분별 증류할 때, 그 스펙트럼에서 이 원소를 발견하였어요. 이때 방전관에서 나오는 아름다운 주홍빛을 본 램지의 열세살 난 아들이 이것을 '새롭다'라고 부를 것을 제의하여 새롭다는 뜻의 그리스 어 neos로부터 네온이라고 명명하였다고 해요.

이 기체는 유리관에 넣고 방전시키면 진한 붉은색 빛을 내놓기 때문에 도시의 밤하늘을 뒤덮는 붉은 십자가 같은 표시나 광고용 간판 제작에 이용되지요.

### 게을러서 오히려 쓸모 있는 아르곤

아르곤은 비활성 기체 중 대기에 가장 많은 편입니다. 대기의 약 0.9% 부피를 차지해요. 그리고 아르곤은 암석에도 많이 포함되어 있는데, 이것은 천연 칼륨에 포함되어 있는 칼륨 40이라는 방사성 동위 원소가 방사선을 내며 붕괴할 때에 아르곤 40이 만들어지기 때문이에요. 대기 중에 아르곤이 많은 것도 이런 이유 때문인 것으로 짐작이 돼요.

아르곤은 화학 반응을 하지 않는 성질을 이용하여 백열 전등의 유리구를 채우는 충전 기체, 진공관, 가이거 계수기에 쓰이며, 알루미늄, 스테인리스강과 같은 금속의 아크 용접, 티탄, 지르코늄, 우라늄과 같은 금속의 생산과 제조, 규소, 게르마늄과 같은 반도체의 결정 성장을 위한 가공 등에 널리 쓰여요.

게을러서 오히려 여러모로 쓸모 있는 기체이지요? 또한 네온처럼 방전시키면 저압에서는 연한 붉은색, 고압에서는 진한 청색을 나타내기 때문에 네온사인의 제작에도 이용돼요.

### 숨겨진 기체 크립톤

램지와 트래버스는 1898년, 공기 중 존재량이 적어서 오랫동안 발견되지 않은 크립톤을 발견했어요. 크립톤(krypton)이

란 이름은 숨은 것을 의미하는 그리스 어 kryptos에서 유래한 거예요.

그들은 액체 공기를 천천히 증발시켜서 질소와 산소 등을 모두 제거한 후 남은 공기의 스펙트럼에서 황색과 녹색 사이에 특별한 선이 나타나는 것을 발견하였지만 새로운 기체를 분리해 내기는 매우 어려웠어요. 그 이유는 공기 $1m^3$에 크립톤은 1mL밖에 포함되어 있지 않기 때문이었어요. 이것이 새 기체에 크립톤이라는 이름이 지어진 이유예요.

### 비교적 화합물을 잘 만드는 크세논

크세논이 끓는점이 높은데도 가장 늦게 발견된 이유는 대기 중에 워낙 희귀한 기체이기 때문이에요. 크세논 1kg을 얻을 수 있는 액체 공기에서 크립톤과 네온을 1만 kg이나 얻을 수 있으니까요.

크세논(xenon)이라는 이름은 strange라는 의미의 그리스 어 xenos에서 유래한 것이에요. 크세논은 무거우며, 비활성 기체 중에 화합물을 만든다고 밝혀진 최초의 기체이지요. 고체 상태의 크세논은 면심육면체 결정 구조이고, 단일 원자로 이루어진 분자들은 서로 매우 가까이 결합되어 구(球)처럼 움직여요.

크세논 기체는 지구 대기 중에 약 0.0000086% 또는 건조한 공기 부피의 0.1ppm 정도의 극소량이 존재해요. 크세논 원소는 스트로보스코프와 속사진에 필요한 빛처럼 강하고 짧은 섬광을 만드는 램프에 쓰이고 있어요.

저압에서 크세논 기체에 전기를 흐르게 하면 푸른색을 띤 백색광이 방출되며, 고압에서는 햇빛과 같은 백색광을 방출해요. 크세논 섬광 등은 루비 레이저를 활성화시키는 데도 쓰인다고 해요. 또한 크세논은 플루오르와 반응하여 $XeF_2$, $XeF_4$, $XeF_6$와 같은 무색 결정의 여러 가지 화합물을 만들어요.

## 전형 원소와 전이 원소

화학자들이 원소를 분류하는 중요한 방법의 하나가 바로 전형 원소와 전이 원소로 구별하는 거예요.

### 화학적 성질이 일정한 전형 원소

전형 원소라는 말은 원소의 특징이 뚜렷해서, 각 주기에서 생기는 여덟 족(族)이 대표적인 성질을 반복한다는 뜻이에요.

요즘은 원자가전자라고 하는 화학 반응에 참여하는 전자의

| 족 / 주기 | 1 | 2 | 3 | 4 | 5 | 6 | 7 | 8 | 9 | 10 | 11 | 12 | 13 | 14 | 15 | 16 | 17 | 18 |
|---|---|---|---|---|---|---|---|---|---|---|---|---|---|---|---|---|---|---|
| 1 | 1 H | | | | | | | | | | | | | | | | | 2 He |
| 2 | 3 Li | 4 Be | | | | | | | | | | | 5 B | 6 C | 7 N | 8 O | 9 F | 10 Ne |
| 3 | 11 Na | 12 Mg | | | | | | | | | | | 13 Al | 14 Si | 15 P | 16 S | 17 Cl | 18 Ar |
| 4 | 19 K | 20 Ca | 21 Sc | 22 Ti | 23 V | 24 Cr | 25 Mn | 26 Fe | 27 Co | 28 Ni | 29 Cu | 30 Zn | 31 Ga | 32 Ge | 52 Te | 34 Se | 35 Br | 36 Kr |
| 5 | 37 Rb | 38 Sr | 39 Y | 40 Zr | 41 Nb | 42 Mo | 43 Tc | 44 Ru | 45 Rh | 46 Pd | 47 Ag | 48 Cd | 49 In | 50 Sn | 51 Sb | 52 Te | 53 I | 54 Xe |
| 6 | 55 Cs | 56 Ba | * | 72 Hf | 73 Ta | 74 W | 75 Re | 76 Os | 77 Ir | 78 Pt | 79 Au | 80 Hg | 81 Tℓ | 82 Rb | 83 Bi | 84 Po | 85 At | 86 Rn |
| 7 | 87 Fr | 88 Ra | ** | | | | | | | | | | | | | | | |

| | | | | | | | | | | | | | | | |
|---|---|---|---|---|---|---|---|---|---|---|---|---|---|---|---|
| * 란탄족 원소 | 57 La | 58 Ce | 59 Pr | 60 Nd | 61 Pm | 62 Sm | 63 Eu | 64 Gd | 65 Tb | 66 Dy | 67 Ho | 68 Er | 69 Tm | 70 Yb | 71 Lu |
| ** 악티늄족 원소 | 89 Ac | 90 Th | 91 Pa | 92 U | 93 Np | 94 Pu | 95 Am | 96 Cm | 97 Bk | 98 Cf | 99 Es | 100 Fm | 101 Md | 102 No | 103 Lr |

수가 한 가지로 일정한 원소들을 전형 원소라고 해요. 이들은 d와 f오비탈을 가지고 있지 않거나 가지고 있어도 전자가 꽉 채워져 있어 화학 반응에 참여하지 않지요.

현재는 원자 번호 1인 수소부터 20인 칼슘까지, 31인 갈륨부터 38인 스트론튬까지, 49인 인듐부터 56인 바륨까지, 81인 탈륨부터 88인 라듐까지의 44개의 원소를 가리켜요.

### 화학적 성질이 복잡한 전이 원소

전이 원소는 1, 2족의 전형 원소와 13~18족의 전형 원소를 연결하는 과도적인 원소라는 뜻이에요. 이들은 미완성의

d 또는 f오비탈을 가지고 있어서 화학 반응에 참여하는 원자가전자의 수가 상황에 따라 변해 복잡한 성질을 나타내지요. 그래서 이 원소들의 화합물을 착화합물이라고도 해요. 주기율표상의 가운데에 위치하며 전자 배치가 $d^1$에서 $d^9$까지에 해당하는 3족에서 12족까지의 10개의 세로줄이 여기에 속해요.

## 금속과 비금속

주기율표를 대각선으로 나누면 왼쪽 아래는 금속 원소이고, 오른쪽 위는 비금속 원소들로 나누어져요.

### 자유 전자 때문에 열과 전기가 잘 통하는 금속

금속은 여러분도 잘 아는 것처럼 반짝이는 광택을 가지고, 전기가 잘 통하는 고체를 말하지요. 화학자들은 이러한 성질이 자유 전자 때문에 나타난다고 해요. 원자가 여러 개의 전자를 가지고 있다는 것은 앞에서 이미 얘기했는데, 그럼 자유 전자라는 것이 따로 있을까요?

사실 자유 전자는 원자가 가진 전자들 중에서 원자를 쉽게 탈출하여 다른 이웃의 원자로 이동하는 일부의 전자를 말해

요. 자유 전자는 이렇게 이웃집으로 놀러다니면서 열과 전기를 운반하지요. 그래서 금속은 전류가 잘 흐르고, 열도 잘 전달하지요.

그런데 이러한 자유 전자는 비금속 원자에게 잡혀서 돌아오지 못하기도 해요. 이렇게 금속 원자가 자신의 전자를 잃고 양이온이 되는 현상을 산화라고 하지요. 전자를 빼앗은 비금속은 반대로 환원되었다고 해요.

금속은 대장간에서 망치로 두드리거나 잡아당겨도 깨지지 않기 때문에 여러 가지 모양의 도구와 그릇을 만들 수 있는 성질을 가지고 있어요. 액체 금속인 수은을 제외하고는 모두 상온에서 고체랍니다.

### 비금속, 반도체, 그리고 양쪽성 원소

비금속 원소는 전자를 잘 빼앗아 음이온이 되기 쉽고, 전기가 통하지 않는 부도체예요. 비금속은 액체인 브롬과 몇 가지 고체 또는 기체가 있어요.

여러분은 반도체라는 말을 들어보았지요? 그래요, 그 첨단 전자 제품을 만드는 반도체 중 하나가 규소예요. 규소는 영어로는 실리콘이라고 해요.

세상에는 금속과 같은 도체와 비금속과 같은 부도체만 있는 것이 아니에요. 붕소(B), 규소(Si), 게르마늄(Ge), 비소(As) 등은 전기 전도성이 금속보다는 작고, 비금속보다 커요. 그래서 도체와 부도체의 중간 상태라는 뜻으로 반도체라고 부르지요. 반도체는 다른 물질을 섞거나 온도를 변화시키는 방법 등으로 전기 전도성을 조절할 수 있어요. 이렇게 금속과 비금속의 구분이 명확하지 않은 반도체성 원소를 준금속 원소라고 해요. 이들의 위치는 금속과 비금속의 경계에 위치하지요.

그런데 금속과 비금속의 경계 부근에 존재하는 어떤 원소들은 오히려 금속성과 비금속성을 모두 나타내기도 하는데, 이러한 원소를 양쪽성 원소라고 해요. 여기에는 알루미늄(Al), 아연(Zn), 납(Pb), 주석(Sn) 등이 있어요.

이 외에도 원소들을 분류하는 방법은 여러 가지가 있지만 공통점은 주기율표상의 위치에 따라 그 분포가 뚜렷이 구분된다는 거예요. 그러므로 우리는 주기율표가 많은 화학 정보를 담은 보물 지도임을 다시 한 번 확인할 수 있는 거죠.

## 만화로 본문 읽기

원소들로 빽빽하게 채워진 주기율표를 보고 어떻게 물질의 상태를 알 수 있지?
오~, 관찰력이 아주 뛰어나군요!
음, 주기율표의 모든 칸들의 색깔이 똑같지 않은데, 물질의 상태에 따라 색깔을 다르게 표시한 게 아닐까?

주기율표의 대부분의 원소들은 상온에서 고체 상태로 존재하지요. 특히 대부분의 금속 원소들은 고체 상태로 존재하는데, 예외도 있어요.
수은(Hg)이지요? 수은이 들어 있는 칸의 색깔만 달라요.

나날이 과학 실력이 쑥쑥 느는군요. 상온에서 액체로 존재하는 것은 금속에서는 수은(Hg), 비금속에서는 브롬(Br)뿐이지요.
히히.
우리만 액체 상태라고~!
수은
브롬
25°C
그럼, 주기율표에서 대각선을 기준으로 오른쪽 위쪽에 있는 비금속들 대부분은 상온에서 기체 상태인가요?

그렇지요. 이처럼 주기율표를 통해 물질의 상태뿐 아니라 금속 원소와 비금속 원소도 쉽게 분류할 수 있지요.
금속 원소와 비금속 원소의 분류 기준은 무엇인가요?


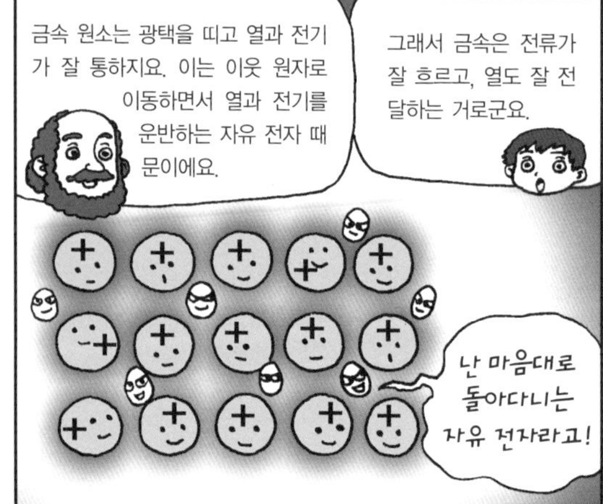

금속 원소는 광택을 띠고 열과 전기가 잘 통하지요. 이는 이웃 원자로 이동하면서 열과 전기를 운반하는 자유 전자 때문이에요.
그래서 금속은 전류가 잘 흐르고, 열도 잘 전달하는 거로군요.
난 마음대로 돌아다니는 자유 전자라고!

금속 원소는 전자를 잃기 쉬운 반면, 비금속 원소는 전자를 잘 빼앗지요. 금속과 비금속의 구분이 명확하지 않은 준금속 원소도 있지요.
주기율표에 이렇게 많은 의미가 담겨 있었군요!
금속원자야 네 전자 1개만 줄래?
그래, 너 가져
e-

마 지 막　수 업　9

# 화학 결합의 주기율

1족과 17족은 서로 반대의 성질을 가지고 있습니다.
주기율표에서 '족'이란 어떤 것을 의미하는 것일까요?

# 9

마지막 수업

# 화학 결합의 주기율

교. 고등 화학 II 2. 물질의 구조
과.
연.
계.

# 멘델레예프가 아쉬운 표정으로 학생들을 둘러보면서 마지막 수업을 시작했다.

## 주기율은 옥테트 규칙의 근거

지금까지 우리는 주기율표가 만들어진 과정과 그 의미를 알아보았어요. 하지만 이것들은 극히 일부분만을 알아본 것으로, 화학자들은 더 많은 사실을 알고 있지요.

### 최외각 전자는 원자가전자

앞에서 주기율이 나타나는 것은 원자들의 오비탈 전자 배치가 같은 수, 같은 오비탈의 최외각 전자를 반복적으로 나

타내기 때문이란 것을 이야기했어요. 그런데 바로 이러한 최외각 전자의 수가 원자의 화학적 성질을 결정합니다. 그래서 화학자들은 최외각 전자를 원자가전자라고도 해요. 원자의 화학적 가치를 나타내는 전자들이라는 뜻이지요.

예를 들어, 원자가 수소 기체와 반응하여 수소 화합물을 만들 때도 그러한 규칙성을 찾을 수가 있어요. 한 원자에 결합하는 수소 원자의 수는 족의 번호와 밀접한 관련이 있어요.

| 족 | 1 | 2 | 13 | 14 | 15 | 16 | 17 |
|---|---|---|---|---|---|---|---|
| 원소 | **Li** | **Be** | **B** | **C** | **N** | **O** | **F** |
| 원자가전자 수 | 1 | 2 | 3 | 4 | 5 | 6 | 7 |
| 8-원자가전자 수 | — | — | — | 4 | 3 | 2 | 1 |
| 공유 원자가 | 1 | 2 | 3 | 4 | 3 | 2 | 1 |
| 수소 화합물 | Li－H | H-Be-H | $BH_3$ (B에 H 3개 결합) | $CH_4$ (C에 H 4개 결합) | H-N-H (N 아래 H) | H-O (O 아래 H) | H-F |

원자들의 최외각 전자 수는 족마다 다른데 1, 2족은 숫자 그대로 각각 1개와 2개를 가지고, 13부터 17족은 10을 뺀 숫자에 해당하는 최외각 전자를 가져요.

### 원자가전자와 화학 결합의 옥테트 규칙

최외각 전자 수는 모두 다르지만 원자들은 18족과 같은 전자 배치를 가져 안정해지길 원하지요. 그러므로 자신에게 모자란 원자를 얻거나, 아예 최외각 전자를 모두 잃어서 안쪽의 완성된 전자 껍질을 최외각으로 만들기도 한답니다. 이것이 바로 화학 결합의 열쇠를 푸는 옥테트 규칙이에요.

그러므로 1, 2, 13족 금속 원소는 원자 반지름이 커서 이온화 에너지가 작고 전기 음성도도 작아서 최외각 전자를 모두 잃고 양이온이 되고, 14족은 모든 값의 중간이라 4개의 공유 결합을 합니다. 15, 16, 17족 비금속 원소는 원자 반지름이 작아 이온화 에너지가 크고 전기 음성도가 커서 금속의 전자를 빼앗아 음이온이 되고, 같은 비금속과는 타협을 하여 공유 결합을 합니다.

그런데 비금속 원자인 수소 원자는 전자를 단 하나만 가지

과학자의 비밀노트

**공유 결합(covalent bond)**

세슘(Cs)과 같이 이온화 에너지가 매우 낮은 금속과 플루오르(F)와 같이 전기 음성도가 매우 큰 비금속이 결합할 때는 세슘의 전자 하나가 거의 플루오르 쪽으로 치우치는데, 이를 두고 세슘은 전자 하나를 잃어서 양이온을 형성하고 플루오르는 전자 하나를 얻어서 음이온을 형성한다고 표현한다. 이처럼 이온을 형성하여 이온끼리의 화학 결합이 이루어지는 경우를 이온 결합이라 한다. 하지만 전기 음성도가 비슷한 원자끼리는 각각의 전자들을 비슷한 세기로 당기므로 전자들을 공유하면서 결합이 이루어진다. 이러한 결합을 공유 결합이라고 한다.

고 있어 헬륨처럼 되려면 전자를 하나 더 필요로 합니다. 하지만 전기 음성도가 비금속 중에 가장 작은 편이에요. 그러므로 금속 원자와 결합할 때에는 전자를 빼앗아 음이온이 되고, 비금속과 결합을 할 때에는 전자 1개를 이용하여 한 개의 공유 결합을 합니다.

1족은 원자가전자가 1개이므로 수소 원자 1개를 음이온으로 만들어 1 : 1로 결합하고, 2족은 원자가전자가 2개이므로 수소 원자 2개를 음이온으로 만들어 1 : 2로 결합하지요. 반대로 16족은 최외각 전자가 6개로, 2개 모자라기 때문에 수소 원자 2개와 각각 공유 결합을 형성하여 1 : 2로 결합하고, 17족은 원자가전자가 7개이므로 1개 모자라 수소 원자와 1개의 공유 결합을 형성합니다. 이처럼 주기율표의 족의 번호는 원자가전자의 수를 알려 줘 화합물의 화학식을 쉽게 짐작할 수 있게 도와줍니다.

## 알칼리 금속과 할로겐 원소의 화학 반응

### 나트륨과 염소로 이루어진 화합물, 소금

우리에게 꼭 필요하고, 매일 사용하는 물질 중에 소금이 있어요. 소금을 화학자들은 염화나트륨이라고 합니다. 바다가 없는 곳에서는 암염이라는 바위에서 나는 소금을 이용하고, 우리가 사용하는 소금은 염전에서 바닷물을 증발시켜 얻어요. 그러면 소금을 실험실에서 어떻게 만들 수 있을까요?

실험실에서 소금을 만드는 방법에는 여러 가지가 있습니다. 가장 대표적인 방법은 산과 염기를 중화 반응시키는 거예요. 염산과 수산화나트륨을 반응시키면 산도 염기도 아닌 소금물이 돼요.

원래 중화 반응은 산의 수소 이온($H^+$)과 염기의 수산화 이온($OH^-$)이 반응하여 물($H_2O$)을 만드는 반응이에요. 그런데 산에서 수소 이온과 결합하고 있던 음이온과 염기의 수산화 이온과 결합하고 있던 양이온이 중화 반응 중에 서로 결합하여 염을 만들어요. 대표적인 염이 바로 소금, 즉 염화나트륨이에요.

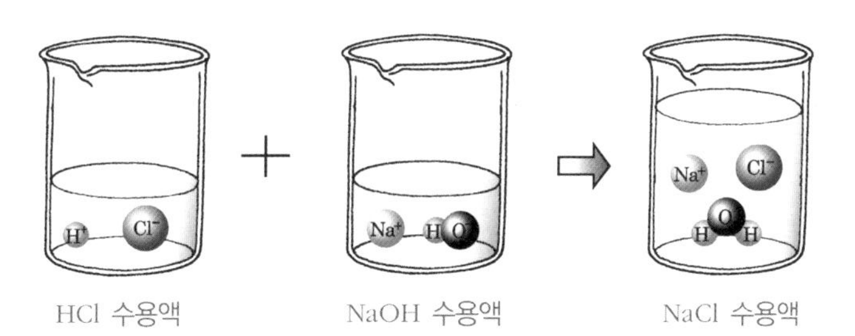

만나면 불꽃을 튀며 격렬하게 반응하는 두 원소

앞의 방법이 화합물을 이용하여 염화나트륨을 만들었다면, 원소를 이용하여 화학 반응을 시켜서 화합물을 얻는 방법이 있어요.

1족인 나트륨 금속과 17족인 염소 기체를 반응시키면 되죠. 그런데 이것은 매우 위험한 방법이에요. 왜냐하면 너무 격렬하게 반응하여 열도 많이 나고 불꽃이 튀기도 해 폭발할 수 있기 때문이에요. 그것은 바로 이들이 화학자들이 말하는 반응성이 크기 때문이에요.

반응성이란 말 그대로 반응을 잘하는 성질이에요. 나트륨은 금속 중에서 반응성이 가장 큰 알칼리 금속의 하나이고, 염소 기체는 비금속 중에서 반응성이 가장 큰 할로겐 원소의 하나이기 때문이지요.

나트륨 금속은 나트륨 원자들이 금속 결합을 한 은색의 고체입니다. 그리고 염소 기체는 2개의 염소 원자가 공유 결합을 하여 염소 분자를 이룬 황록색을 띠는 비금속 기체입니다. 그런데 이들이 반응을 하면 나트륨 이온과 염화 이온이 결합한 이온 결합을 한 물질이 됩니다. 이처럼 서로 성질이 정반대인 두 족의 원소가 만나면 매우 빠르게 반응하여 안정한 화합물을 만들어요. 왜 그럴까요?

그동안 우리는 주기율표에 대한 이야기를 해 왔는데 끝으로 이 대표적인 두 족의 서로 대비되는 성질을 이야기를 하지요.

### 서로 성질이 반대인 1족과 17족

주기율표에서 가장 개성이 강한 집단을 들라면 바로 1족과 17족일 거예요. 그것은 바로 이들이 다음과 같이 분류되는 주기율표의 각 주기성의 양 극단을 대표하기 때문이지요. 그래서 성질이 서로 정반대예요.

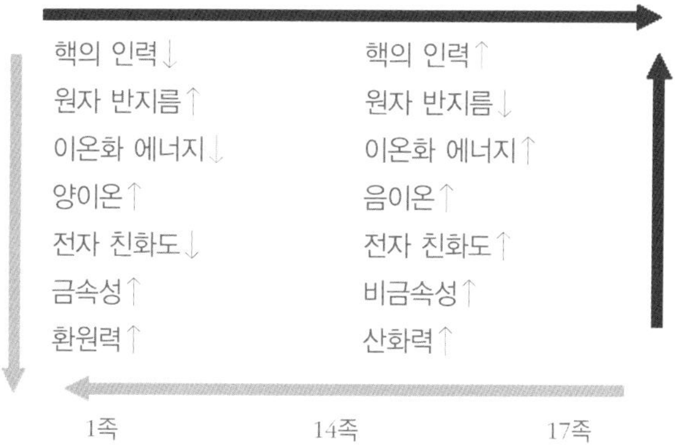

| | |
|---|---|
| 핵의 인력↓ | 핵의 인력↑ |
| 원자 반지름↑ | 원자 반지름↓ |
| 이온화 에너지↓ | 이온화 에너지↑ |
| 양이온↑ | 음이온↑ |
| 전자 친화도↓ | 전자 친화도↑ |
| 금속성↑ | 비금속성↑ |
| 환원력↑ | 산화력↑ |

1족 14족 17족

첫째, 1족 알칼리 금속은 이온화 에너지가 최소라서 전자를 잃고 양이온이 되려는 성질이 가장 강하기 때문에 금속성이 강하지만, 17족 할로겐은 전자 친화도가 최대라서 전자를 빼앗아 음이온이 되려는 성질이 가장 강하기 때문에 비금속성이 크지요.

둘째, 1족은 전기가 잘 통하는 금속 도체이지만, 17족은 전기가 통하지 않는 비금속 부도체예요.

셋째, 알칼리 금속은 물에 녹아 염기성을 나타내지만, 할로겐 원소는 물에 녹아 산성을 나타내요.

넷째, 1족은 원자 번호가 커질수록 녹는점, 끓는점이 낮아지지만, 17족은 원자 번호가 커질수록 녹는점, 끓는점이 높아져요.

다섯째, 알칼리 금속은 다른 원소에게 전자를 잘 주어 환원제로 쓰이지만, 할로겐 원소는 전자를 잘 빼앗아 산화제로 쓰여요.

### 알칼리 금속과 할로겐 원소의 닮은 점

이렇게 여러 가지 성질이 서로 반대이지만 극과 극은 통한다고 이들 역시 비슷한 점이 여러 가지 있어요.

첫째, 이들은 둘 다 반응성이 크기 때문에 자연에 원소 상태로 존재하지 않아요. 언제나 다른 물질과 반응하여 화합물의 형태로만 존재하지요. 그래서 원소를 보관할 때도 주의해야 해요.

예를 들어, 알칼리 금속은 공기 중의 산소나 수증기와도 반응하므로 석유 속에 넣어 보관해야 해요. 할로겐의 플루오르 기체는 유리와도 반응하므로 플라스틱 병에만 보관을 해야 하지요.

둘째, 이들의 화합물들은 매우 안정하여 여간해서 분해가 되지 않아요. 그래서 이들은 모두 데이비가 전기 분해 기술을 발전시킨 후에야 제대로 발견되었지요. 소금을 도가니에서 800℃ 이상으로 가열하여 전기 분해하면 양극에서는 염소 기체가, 음극에서는 나트륨 금속이 석출돼요.

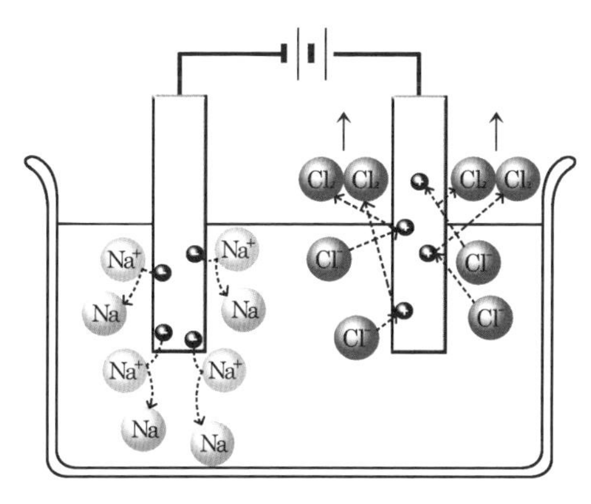


NaCl 용융액의 전기 분해

셋째, 이들은 모두 수소 원자 1개와 결합을 해요. 알칼리 금속은 원자가전자가 1개이기 때문에 전자를 하나만 수소 원자에게 줄 수 있어요. 할로겐은 원자가전자의 수가 7개로, 알칼리 금속보다 많지만 전자가 하나 모자라서 수소 원자 1개와 공유 결합을 해야 하지요. 그래서 수소 원자와 1 : 1로 화합물을 만들어요.

### 전구를 만드는 두 족의 원소들

또 하나의 특이한 공통점은 둘 다 전구를 만드는 데 사용된다는 점입니다.

여러분 책상에 하나쯤 놓여 있는 스탠드는 할로겐램프를 보통 사용하고 있지요. 할로겐램프는 백열전구의 유리구 안에 할로겐 물질을 주입시켜 전구의 수명을 길게 해 효율을 높인 거예요.

백열전구의 텅스텐 필라멘트는 높은 온도로 인해 금속의 일부가 증발을 하게 되어 전구가 오래되면 검게 변하는 성질이 있어요. 이러한 증발을 억제하기 위해 유리구 안에 아르곤과 질소의 혼합 가스를 주입하였으나, 할로겐램프는 브롬이나 요오드 등의 할로겐 원소를 주입하여 텅스텐 필라멘트의 증발을 한층 더 억제한 것이죠.

유리구 안에 주입된 할로겐 원소는 필라멘트의 소재인 텅스텐 증기 원자와 반응하여 결합하고, 이 결합된 물질은 유리구 안을 떠다니다가 필라멘트에 부딪치면서 그 열로 인해 다시 분해 돼요. 이때 텅스텐 원자는 필라멘트와 결합해 원래의 자리로 되돌아오고, 할로겐 원소는 또다시 텅스텐 증기 원자와 반응하며 필라멘트를 재생시키기 때문에 할로겐램프는 백열전구에 비해 필라멘트가 더 높은 온도에도 견딜 수 있어요. 이로 인해 더 밝고 환한 빛을 내면서도 수명이 오래 가요. 그래서 일반 백열전구에 비해 수명이 2~3배 길어요.

또 백열전구에서 종종 나타나는 유리구 내벽의 흑화 현상이 발생하지 않아 오랫동안 밝기가 유지돼요. 크기도 백열전구의 $\frac{1}{20}$ 정도로 작고 가벼우며, 전력 소모가 적고, 자연광처럼 색을 선명하게 재현시킬 수 있어 자동차 헤드라이트용이나 비행장의 항공 등화, 무대 조명, 백화점, 미술관, 상점 등의 스포트라이트용과 인테리어 조명의 광원으로 많이 사용되지요.

나트륨등은 수은등의 단점인 점등에 많은 시간이 걸리는 것과 차가운 느낌을 보완한 전구예요. 방전관에 이중 구조로 된 특수한 세라믹 관을 사용하고 내관에 나트륨 외에 크세논 가스를 봉입한 고순도 방전등이지요. 나트륨의 불꽃 반응 색

깔과 같은 색인 노란빛을 내요. 수명은 수은등의 약 2배에 달하고, 적은 전력으로 밝은 광원을 얻을 수 있어 절전 효과를 얻을 수 있어요.

그러나 나트륨등은 형광등처럼 안정기를 병용할 필요가 있고, 점등 후 20~30분이 경과하지 않으면 충분한 빛을 낼 수 없지요. 또 그 빛이 황색광이기 때문에 일반 조명용으로는 적합하지 않아요. 하지만 안개 속에서도 빛을 잘 투과하여 장애물 발견에 유효하다는 점에서 안개 지역, 공항, 해안 지역, 보안 지역, 교량, 인터체인지, 터미널, 호텔, 강변 지역 조명 등에 사용돼요.

우리는 지금까지 주기율표를 알아보았어요. 주기율표가 원소의 성질과 원소를 이루는 원자의 구조에 대한 많은 정보를 담고 있다는 것을 알게 되었지요. 이제 주기율표에는 빈 곳이 없고, 앞으로 원자 번호 110번 이후의 원소들을 인공적으로 합성해 나가는 것만 남았어요. 이것은 과거의 연금술사들이 꿈꾸던 원소의 변환이라고 할 수 있지요. 하지만 이제는 금 따위를 욕심내지는 않아요. 이 세상에는 금보다 더 소중하고, 쓸모 있으면서 값비싼 물질이 많으니까요.

연금술사에서 시작되어 오늘날의 화학자들까지 여러 사람들의 노력으로 인류의 물질 문명은 그 풍요함이 극에 달하고 있어요. 앞으로도 또 어떤 화학자가 주기율표를 이용해 미지의 물질을 합성하여 우리의 삶을 더 편리하게 할지 기대됩니다.

또 한 가지 강조하고 싶은 것은, 주기율표를 이루고 있는 원소는 110가지 정도가 되는데 이들의 성질과 용도가 모두 다 잘 알려진 것은 아니라는 거예요.

아직도 그 하나하나의 성질에 대한 연구의 여지가 남아 있어요. 아직까지도 과학은 경제로부터 자유롭지가 못해요. 돈이 되는 분야는 연구가 빠르게 진행되고, 그렇지 못한 분야는 외면을 당하고 있지요. 주기율표를 이루는 원소 중에도 외면당하는 물질들이 많아요.

여러분이 과학자가 되어 주기율표라는 보물 지도를 가지고 아직 미개척된 물질들을 탐구해 주길 바랍니다. 그러면 주기율표를 만든 나에게는 한없는 기쁨이 되겠지요. 미래는 도전하는 사람에게만 문을 열어 준답니다.

## 만화로 본문 읽기

원자의 화학적 성질을 결정하는 것은 무엇인가요?

그건 바로 최외각 전자의 수예요. 최외각 전자는 원자의 화학적 가치를 나타내는 전자들이란 뜻으로 원자가전자라고도 하지요.

최외각 전자의 수가 같은 원자들을 주기율표에서 같은 세로줄에 배치해 놓았는데, 이 세로줄을 족이라고 해요.

그렇다면 같은 족의 원소들은 화학적 성질이 비슷하겠군요?

우리는 한 가족~! 최외각 전자의 수가 7개로 성질이 비슷해요~

Cl F I Br

맞아요. 따라서 원자들의 최외각 전자 수는 족마다 다른데 1, 2족은 숫자 그대로 각각 1개와 2개를 가지고, 13~17족은 10을 뺀 숫자에 해당하는 최외각 전자를 가지지요.

왠지 가장 바깥쪽의 전자 껍질에 전자가 가득 차 있으면 원자는 안정할 것 같아요.

자신이 가진 최외각 전자수를 차례대로 말한다!!

1족 1! 2족 2! 13족 3! 14족 4! 15족 5! 16족 6! 17족 7!

허허, 과학적 직감 능력이 뛰어나군요. 18족의 비활성 기체 원소들은 가장 바깥쪽의 전자 껍질에 전자가 최대로 들어 있어서 대단히 안정하지요.

다른 원자들도 18족과 같은 전자 배치를 가져 안정해지길 원하겠군요.

부럽다~ 에헴~!

Ne Li Be B C

네. 네온(Ne)이나 아르곤(Ar)처럼 가장 바깥쪽의 전자 껍질에 8개의 전자를 가지기 위해 자신에게 모자란 전자를 얻거나, 아예 최외각 전자를 모두 잃어서 안쪽의 완성된 전자 껍질을 최외각으로 만드는 화학 반응을 하지요.

안정해지려고 화합물을 만드는군요.

| 족 | 1 | 2 | 13 | 14 | 15 | 16 | 17 |
|---|---|---|---|---|---|---|---|
| 원소 | Li | Be | B | C | N | O | F |
| 원자가전자 수 | 1 | 2 | 3 | 4 | 5 | 6 | 7 |
| 8-원자가전자 수 | – | – | – | 4 | 3 | 2 | 1 |
| 공유원자가 | 1 | 2 | 3 | 4 | 3 | 2 | 1 |
| 수소화합물 | Li – H | H-Be-H | H<br>B<br>H H | H<br>H-C-H<br>H | H-N-H<br>H | H-O<br>H | H-F |

이것이 바로 화학 결합의 열쇠를 푸는 옥테트 규칙이죠. 그래서 주기율표의 족의 번호는 원자가전자의 수를 알려 줘 화합물의 화학식을 쉽게 짐작할 수 있게 도와준답니다.

그것이 주기율표가 만들어진 이유로군요.

과학자 소개

## 주기율을 발견한 멘델레예프Dmitrii Ivanovich Mendeleev, 1834~1907

멘델레예프는 시베리아 토볼스크의 알렘장커에서 태어났습니다. 어릴 때부터 과학에 흥미를 가져 상트페테르부르크의 중앙교육 전문학교에서 공부하였고, 1855년 22세의 나이로 상트페테르부르크 대학 화학과 시간 강사가 되었습니다. 1859~1860년에는 독일의 하이델베르크 대학에 유학하면서, 분젠과 키르히호프의 지도하에 액체의 열팽창 · 표면 장력에 관한 연구를 하였습니다. 이것은 후에 기체 · 용액의 연구로 이어지는 물리화학적 연구였습니다.

1867년 화학 교수가 되었고, 1868년 말 무기 화학 교과서 《화학의 원리》를 저술하기 위하여, 당시에 알려져 있던 63종의 원소 배열 순서를 생각하는 과정에서 주기율을 발견하였습니다.

1869년 러시아 화학회에서 최초로 주기율표에 관한 논문이 발표되었습니다. 이 주기율표에는 필연적으로 빈 곳이 생기는데, 새 원소가 발견되면 그 자리에 채워진다고 예언하고 그것의 원자량 · 비중 · 빛깔까지도 나타내 보였습니다. 그 후 발견된 갈륨(Ga, 1875년) · 스칸듐(Sc, 1879년) · 게르마늄(Ge, 1886년) 등은 주기율의 자연 법칙성을 입증하기에 이르렀습니다.

멘델레예프보다 조금 앞서 프랑스의 샹쿠르투아가 '땅의 나선'이라는 이름으로 주기율표를 만든 바 있고, 독일의 마이어 역시 멘델레예프와 같은 해에 '원자 부피 곡선'이라는 이름으로 주기율표를 발표했지만, 그 설명력이 멘델레예프의 것에 미치지 못했습니다.

또, 그는 석유에 관해서도 관심이 있어 원유 채굴법 · 처리법 · 이용법 등 많은 연구를 하였습니다. 1890년 대학의 학생 운동이 정치 문제가 되어 교수직을 물러났으며, 1893년 도량형국 총재가 되었습니다.

주기율표 101번째 원소인 멘델레븀(Md)은 그의 이름을 따서 명명된 것입니다.

과학 연대표

## 언제, 무슨 일이?

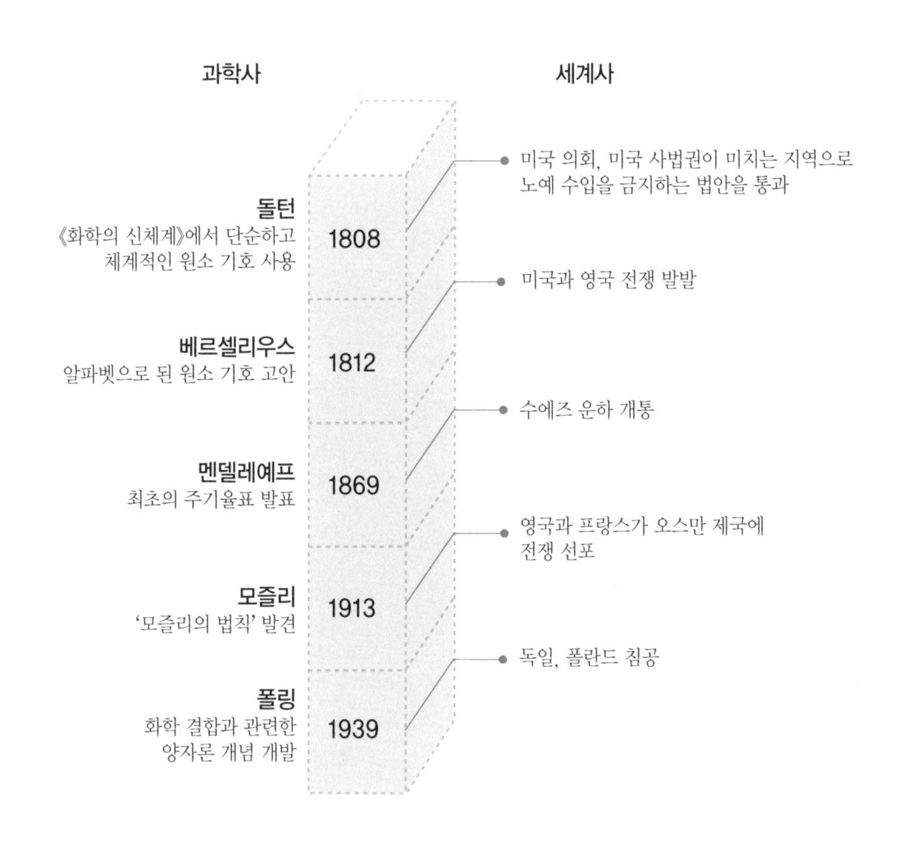

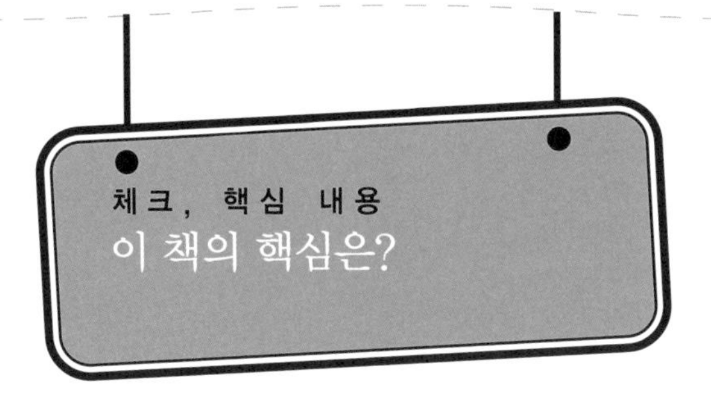


1. 원자량은 질량이 아닌 □□□ 입니다.
2. 탄소 원자는 무거워서 1개만 얹어도 수소 원자 □ 개와 맞먹습니다.
3. 처음에는 수소를 기준으로 사용하기 시작했습니다. 그러나 현재는 산소를 거쳐 □□ 가 원자량 기준으로 사용되고 있습니다.
4. 게이뤼삭이라는 과학자가 기체들이 화학 반응을 할 때는 일정한 정수비로 반응을 한다는 '□□ □□ 의 □□'을 발표했습니다. 이 법칙은 원자가 절대 쪼개지지 않는다는 돌턴의 원자설이 틀렸다는 것을 보여 줍니다.
5. 원자 번호는 같지만 질량수가 다른 원소들을 □□ □□ 라고 합니다.
6. 원자 번호가 커지면 □□ □□□ 은 같은 주기에서는 작아지고 같은 족에서는 커집니다.
7. 금속 원자가 자신의 전자를 잃고 양이온이 되는 현상을 □□ 라고 합니다. 반대로 전자를 빼앗은 비금속은 □□ 되었다고 합니다.

1. 질량비 2. 12 3. 탄소 4. 기체 반응, 법칙 5. 동위 원소 6. 원자 반지름 7. 산화, 환원

이슈, 현대 과학

## 115번과 113번 원소 발견

새로운 화학 원소 2종이 발견되었습니다.

러시아와 미국의 과학자들이 주기율표에 추가한 2종의 새로운 화학 원소는, 입자 가속기에서 양성자 수가 20개인 칼슘과 95번인 아메리슘을 결합하는 과정에서 발견되었습니다.

스위스 파울 셰러 연구소의 하인츠 게겔러 박사 팀은 2006년 1월 31일 러시아 핵연구소의 기술을 이용해 원자 번호 113번, 115번의 새 원소를 확인했습니다. 이들은 원자 번호 92번인 우라늄보다 큰 합성 원소로 '초우라늄 원소'로 불리게 됩니다.

2004년 러시아와 미국 과학자들이 두 원소를 발견했다고 밝혔지만 지금까지 공식적으로 검증되지 않았습니다. 연구팀은 초우라늄 원소인 아메리슘(Am)이 회전하는 원판에 칼슘 원자를 충돌시켜 원자 번호 115번을 만들어 냈습니다. 이 원자는 아주 짧은 시간 동안만 존재하며 곧 알파 입자($He^{2+}$)를 방출하고 원자 번호 113번이 됩니다. 113번 원소는 다시 4개의 알파 입자를 더 방출하고 원자 번호 105번인 더브늄(Db)으로 바뀌게 됩니다.

이번 결과는 미국 물리학회의 핵구조 전문 학술지인 〈피지컬 리뷰〉에 기재되었습니다. 그러나 이번 결과가 교과서 등에 실리기 위해서는 다른 실험실에서 같은 방식으로 실험하여 원소 생성이 다시 확인되어야 합니다.

한편 지난 1999년 미국의 로런스 버클리 국립연구소에서 발표한 원자 번호 116번과 118번의 초중량 원소를 발견했다고 발표한 바 있으나, 2년 후 연구 결과가 조작된 것으로 확인되어 과학자들의 윤리 문제를 전 세계적으로 불러일으켰습니다.

115번과 113번 원소는 국제순수응용화학연합회(IUPAC)의 승인을 받을 때까지 각각 임시명인 '유넌펜티엄'(Uup, ununpentium), '유넌트리엄'(Uut, ununtrium)로 불리게 됩니다.

찾아보기

# 어디에 어떤 내용이?